U0805923

物理化学实验

许　海　张国艳　田玉美　陈晓欣　主编

科　学　出　版　社
北　京

内 容 简 介

本书针对近化学专业本科生编写，具有易读易懂、深入浅出、结构完整、内容精练、适用面广等特点。

全书内容包括绪论、实验部分和附录。绪论介绍物理化学实验的基本要求及数据的表达方法；实验部分精选17个物理化学实验，涵盖物理化学课程的化学热力学、化学动力学、电化学、表面化学与胶体化学等各部分内容；附录列出常用数据表，可方便学生查阅。

本书可作为综合性大学和高等理工类院校生命科学、材料科学、环境科学、医药学等相关专业本科生的物理化学实验教材，也可供相关技术人员参考。

图书在版编目（CIP）数据

物理化学实验/许海等主编. —北京：科学出版社，2018.1

ISBN 978-7-03-055344-7

Ⅰ. ①物… Ⅱ. ①许… Ⅲ. ①物理化学-化学实验-高等学校-教材 Ⅳ. ①O64-33

中国版本图书馆CIP数据核字（2017）第277153号

责任编辑：陈雅娴/责任校对：何艳萍

责任印制：师艳茹/封面设计：迷底书装

科学出版社出版

北京东黄城根北街16号

邮政编码：100717

http://www.sciencep.com

保定市中画美凯印刷有限公司印刷

科学出版社发行 各地新华书店经销

*

2018年1月第 一 版 开本：720×1000 1/16

2018年1月第一次印刷 印张：9

字数：181 000

定价：35.00元

（如有印装质量问题，我社负责调换）

《物理化学实验》编写委员会

主　编　许　海　张国艳　田玉美　陈晓欣

编　委　（按姓氏汉语拼音排序）

陈晓欣　金为群　李　军　权新军

田玉美　许　海　张　颖　张国艳

张亚南　庄家骐

前　言

物理化学实验是物理化学理论体系的重要组成部分，不仅可以帮助学生增强感性认知，加深对理论知识的理解和掌握，还可以帮助学生提高综合运用相关理论知识解决实际问题的能力。

本书针对综合性大学的理、工、农、医类近化学专业本科生的物理化学实验课编写，主要使用对象为少学时(12～64 学时)的生命科学、环境科学、医药学、材料科学、食品科学、地球科学等专业本科生。为提高教材的实际使用效率，编者精选了物理化学各部分内容的 17 个实验，其中包括化学热力学实验 6 个、化学动力学实验 5 个、电化学实验 3 个、表面化学与胶体化学实验 3 个。

在本书编写过程中，考虑到物理化学实验是以大循环的方式进行的，每个学生接触到实验的先后顺序不同，且常常出现学生所做的实验是同步进行的理论课教学尚未学到的内容，因此本书中的每个实验从原理介绍到数据处理都是相对独立和完整的，以便于不同学习阶段的学生都能够比较容易地理解和掌握相关理论和基本操作。在绪论和部分实验的附录中，分别给出了常用实验仪器和专用实验仪器的工作原理和操作方法，可供学生预习和操作时参考。

本书是吉林大学“十三五”规划教材，由吉林大学化学学院公共化学教学与研究中心物理化学实验室组织编写。编写人员包括许海(绪论、实验七、实验十、实验十五)、张国艳(实验十二、实验十三、实验十六)、田玉美(实验一、实验二、实验五)、陈晓欣(实验三、实验四、附录)、金为群(实验九)、权新军(实验十四)、张颖(实验八)、张亚南(实验六)、李军(实验十七)、庄家骐(实验十一)。此外，在编写过程中，化学学院的朱万春老师为实验预演和注意事项等提供了大量宝贵的经验和建议。在此，编者对支持帮助本书出版的所有老师一并表示衷心的感谢！

由于编者经验不足，水平有限，书中不妥之处在所难免，恳请同行和读者批评指正！

编　者

2017 年 8 月

目　录

第1章　绪　　论

1.1　物理化学实验的目的和要求

物理化学实验是大学化学教学体系的重要组成部分，是继无机化学实验、分析化学实验和有机化学实验之后的又一门化学基础实验课。物理化学实验集中体现了化学领域各分支学科的基本研究理论、研究方法和研究手段，是即将从事化学、生命科学、环境科学、医药学、材料科学、食品科学和地球科学等相关工作的学生必需的训练。对于非化学专业的本科生，物理化学实验的目的主要包括：①了解物理化学实验的基本原理和研究方法，掌握物理化学的基本实验技术，学会常见分析测试仪器的正确使用方法；②培养独立正确地观察实验现象、完整准确地记录和处理实验数据、详细全面地分析和讨论实验结果的能力；③培养求真务实的科学态度和严谨细致的工作作风，提高应用物理化学知识灵活分析和解决实际问题的能力。

为达到上述目的，必须对学生进行正确、严格的基本操作训练并提出明确的要求，具体要做好以下几点。

1. 课前实验准备

(1) 实验前必须充分预习。了解实验目的，掌握实验所依据的基本理论，了解所用仪器的构造和操作规程，记住实验步骤，明确要测量和记录的数据。

(2) 写出预习报告。其内容包括：实验目的、原理和步骤，针对实验时要记录的数据详细地设计原始数据记录表，记录表应反映出操作过程。

2. 课堂实验过程

(1) 进入实验室后按编号到指定的实验台，先按实验教材核对仪器。

(2) 在不了解实验仪器的正确操作方法前，不得使用仪器，不得擅自拆卸仪器。仪器装置组装好后，必须经指导教师检查无误后，方可进行实验。

(3) 在遇到有仪器损坏时，应立即向指导教师报告，排查原因，确系仪器损坏的要及时登记损坏情况。

(4) 严格按实验操作规程进行实验，不得随意改动。若确有改动实验步骤或改进实验方法的必要，须事先取得指导教师的同意。

(5) 注意养成良好的实验记录习惯。实验现象和实验数据的记录要求及时、完全、准确、规范。所有实验数据都应记录在实验记录本或预习报告上，不允许有选择地记录数据，不得用铅笔或红笔记录数据。要尽量采用表格形式记录数据。不能随意涂改数据，如发现某个数据确有记录错误应该舍弃或修改时，可用笔先将其圈去或划掉，再记录正确数据。

(6) 充分利用实验时间，观察现象，记录数据，分析和思考问题，提高学习效果。

(7) 实验完毕，应将数据交指导教师审查合格并签字(或盖章)后，再拆实验装置，数据不合格的，需补做或重做相应实验。

3. 课后撰写实验报告

(1) 课后要认真完成实验报告的撰写工作。实验报告的内容包括实验题目、实验目的、实验原理、仪器和药品、实验步骤、实验记录、数据处理、思考与讨论等。应把重点放在实验数据的处理和思考讨论上。数据处理包括：对各个原始数据的简单处理(如统一单位等)、简单计算(如求倒数、对数等)、作图、从图中收集信息(如求斜率、求微分等)以及进一步的计算结果和最终得到的结论。思考与讨论包括：每个实验后的思考题，对实验过程中现象的分析和解释，对实验结果的误差分析，对实验的改进建议以及实验后的心得体会等。

(2) 掌握数据处理的原理、方法、步骤及数据应用的单位，仔细进行计算，正确表达数据结果。处理数据应每人独立完成，不得抄写或者合写一份报告。

(3) 撰写实验报告是整个物理化学实验过程中的一个重要环节，切忌粗心大意，错误百出。撰写实验报告的过程中要勤于动脑，善于钻研，详细计算，认真作图，仔细写作。

(4) 实验报告可参考下面的示例完成，也可以自行设计实验报告。本书每个实验之后都给出了原始数据记录表格，可以参考统一格式的记录表格记录数据，也可以自行设计原始数据记录表格。

物理化学实验报告

姓名：________　班级：________　学号：________　同组人：________

室温：________　气压：________　日期：________　仪器号：________

实验题目：________________

一、实验目的

(1)

(2)

二、实验原理

(主要的实验原理，重要的计算公式和数据处理方法等)

三、仪器和药品

(主要的测试仪器、称量仪器和药品，必要时需画出实验装置图)

四、实验步骤

1.(清晰简洁的实验操作步骤)

2.

3.

五、实验记录

(原始数据记录列表格，必须有指导教师的签字或盖章)

六、数据处理

(经过计算的数据列表、作图、最终的计算结果或结论)

七、思考与讨论

(实验教材中的思考题，误差分析，以及对实验的改进建议和心得体会等)

1.2　物理化学实验室守则

为了加强国家级化学实验教学示范中心的建设和管理，确保物理化学实验教学质量，培养学生良好的实验习惯，达到全面提高学生整体素质的目的，特制订如下实验室守则：

(1)遵守实验课堂纪律。上课不迟到，进实验室必须穿着实验服，听从教师要求，服从教师安排。

(2)讲文明，懂礼貌。保持实验室安静，不高声喧哗；保持实验室整洁，不吸烟，不随地吐痰，不乱扔纸屑等杂物，不在实验室吃东西。

(3)注意实验室安全。物理化学实验中要用到多种化学药品及各种电学仪器，有发生爆炸、着火、中毒、灼伤、触电等事故的潜在危险，因此安全是实验课的重要内容之一，要求学生高度重视安全知识的学习，遵守操作规程，听从教师安排，避免发生事故。

(4)遵守实验室的各项规章制度。严格按分组要求使用仪器设备和实验用品，爱护仪器，遵守操作规程，节约原材料，未经指导教师许可，不得动用任何仪器设备和药品。教师准许使用的仪器，必须严格按正确的使用方法操作。如有损坏或丢失，立即向教师报告，等待处理。

(5)在指定的位置做实验，不乱动别组仪器、物品等。做完实验，要将仪器、物品和实验药品等放回原处；将玻璃仪器洗刷干净，实验台面收拾整洁，经实验教师检查后方可离开实验室。

(6)值日生最后检查实验室的物品摆放是否整齐，打扫实验室卫生，仔细检查水、电、气是否关闭，经管理教师检查批准后方可离开实验室。

1.3　物理化学实验误差及数据的表达

物理化学实验的基本内容是从研究系统的物理性质与化学反应间的联系入手，通过测量系统的物理量变化来研究系统的化学规律。这就要求学生将所得数据加以归纳整理，并找出变量间的变化规律。在测量时，由于测量方法和测量条件的可靠程度限制，所用仪器的精密度限制和实验者感官灵敏程度的限制等因素的影响，测量值与真值之间存在着一定的差值，称为误差。严格来说，一切实验测量的结果都有误差，但误差的影响是可以在一定程度上减轻或消除的。因此，必须对误差产生的原因及其规律进行研究，方可获得比较可靠的实验结果。物理化学实验通过筛选比较合适的实验方法，选择适当精度的仪器，寻求相对一致的测量条件，再通过实验数据的列表、作图、计算等处理步骤，尽量使实验结果更加客观真实，更加具有参考价值。

1.3.1　误差的分类

根据性质的不同，误差可分为系统误差、过失误差和偶然误差三类。

1. 系统误差

系统误差也称恒定误差，它是由于某种特殊原因所造成的误差，具有方向性和可测性。系统误差是由固定原因引起的使实验结果朝一个方向偏离的现象，当重复测量时，这种误差会重复出现，多次测量也不会相互抵消。系统误差产生的原因有：

(1) 仪器误差，来源于仪器本身不够精确，如旋光仪的零点偏差、温度计的刻度不够准确，稳压电源的读数不够精确等。

(2) 化学试剂纯度不够，如试剂和蒸馏水纯度不高等。

(3) 测量方法本身的限制，如使用近似公式计算，反应测试终点与反应等当点不符等。

(4) 测量者个人的不良习惯，如读数时观察视线的角度偏高或偏低，辨别滴定终点颜色时偏深或偏浅等。

2. 过失误差

这种误差是实验者粗心、操作不正确所致，是一种歪曲实验结果的误差，无规律可循。例如，标度看错，记录写错，称取试样时未注意防止试样吸湿或挥发，洗涤沉淀过分或不充分等。此类误差只要正确、细心操作就可避免。

3. 偶然误差

偶然误差又称随机误差，它是由一些随机的偶然因素造成的，是客观存在的，不以人的意志为转移，是允许存在的。例如，测量时环境温度、湿度和气压的微小波动，仪器的微小变化，观察者在估计仪器的最小分度的分数时都会产生这种误差。偶然误差具有不可测性和不可避免性，测得的值时大时小，时正时负，方向不一定。它是由相互制约、相互作用的一些偶然因素造成的。偶然误差的大小和正负一般服从正态分布规律。误差分布具有对称性，可采取多次测量取平均值的方法消除，而且测量次数越多，其算术平均值就越接近于真值。

1.3.2 误差的表示方法

严格说来，误差是指测量值与真值之差，偏差是指测量值与平均值之差，但习惯上两者常混用而不加以区别。因为大多数物理化学实验中真值是我们要求测定的结果，但无法得到真值。不过，由于偶然误差的对称性，在没有系统误差时，进行无限多次测量的算术平均值就是真值。然而我们只能做有限次的测量，因此只能把有限次测量的算术平均值当作可靠的真值。

误差的表示方法通常有三种。设在相同的实验条件下对某一物理量 x 进行等精

度的 n 次独立测量，测得值分别为 x_1，x_2，x_3，…，x_n，则被测量的算术平均值为

$$\overline{x}=\frac{\sum_{i=1}^{n}x_i}{n} \qquad i=1，2，3，\cdots，n$$

每次测量值与算术平均值的偏差为

$$d_i=x_i-\overline{x} \qquad i=1，2，3，\cdots，n$$

所做实验的误差常用三种不同方式表示：

(1) 平均误差

$$\delta=\frac{\sum_{i=1}^{n}|d_i|}{n}$$

(2) 标准误差(均方根误差)

$$\sigma=\sqrt{\frac{\sum_{i=1}^{n}d_i^2}{n-1}}$$

(3) 或然误差

$$P=0.675\sigma$$

物理化学实验中通常用平均误差或标准误差表示测量的精确度。平均误差的优点是计算简便，但用这种方法表示误差时，由于正负偏差都较大的数据平均误差却不很大，表现不够灵敏，容易忽视质量不高的测量数据。标准误差则对测量数据中的较大偏差表现灵敏，因此它是表示数据精度的常用方法。或然误差表示在一组测量中若不计正负号，误差大于 P 的测量值与误差小于 P 的测量值将各占测量次数的 50%，即误差落在 $+P$ 与 $-P$ 之间的测量次数占总测量次数的一半。

测量结果按精度要求也可表示为绝对误差和相对误差。绝对误差是测量值与真值的接近程度，可表示为

$$\overline{x}\pm\delta \quad 或 \quad \overline{x}\pm\sigma$$

相对误差表示测量值的精密度，是各次测量值相互靠近的程度，表示为

$$\frac{\delta}{\overline{x}}\times100\% \quad 或 \quad \frac{\sigma}{\overline{x}}\times100\%$$

1.3.3 间接测量结果的误差传递

物理化学实验中的测量分为直接测量和间接测量两种。用仪器仪表可直接读

取测量数据的物理量应用的是直接测量法，如温度、压力等。而较复杂的物理量则是通过直接测量读数后，再经过函数计算获得的数据，称为间接测量，如热力学温度的倒数、压力的对数等。在间接测量中，每个直接测量的物理量的误差都会包含在结果中，但它们的关系如何，这就需要进行计算。

若计算的函数关系为 $u=f(x, y, z)$，即所要求的实验结果 u 是三个直接测量的物理量 x，y，z 的函数，直接测量时 x，y，z 的误差分别为 Δx，Δy，Δz，它们引起最终测量结果 u 的误差为 Δu，当 Δu，Δx，Δy，Δz 与 u，x，y，z 相比很小时，可用微分式表达它们的关系：

$$\mathrm{d}u=\left(\frac{\partial u}{\partial x}\right)_{y,z}\mathrm{d}x+\left(\frac{\partial u}{\partial y}\right)_{x,z}\mathrm{d}y+\left(\frac{\partial u}{\partial z}\right)_{x,y}\mathrm{d}z$$

若把误差看成足够小的变化，则误差间有如下关系：

$$\Delta u=\left(\frac{\partial u}{\partial x}\right)_{y,z}\Delta x+\left(\frac{\partial u}{\partial y}\right)_{x,z}\Delta y+\left(\frac{\partial u}{\partial z}\right)_{x,y}\Delta z$$

上面两式为误差传递公式。若相对误差为

$$\frac{\Delta u}{u}=\frac{\left(\frac{\partial u}{\partial x}\right)_{y,z}\Delta x}{f(x,y,z)}+\frac{\left(\frac{\partial u}{\partial y}\right)_{x,z}\Delta y}{f(x,y,z)}+\frac{\left(\frac{\partial u}{\partial z}\right)_{x,y}\Delta z}{f(x,y,z)}$$

经过推导可得出间接测量的标准误差为

$$\sigma_u^2=\left(\frac{\partial u}{\partial x}\right)_{y,z}^2\sigma_x^2+\left(\frac{\partial u}{\partial y}\right)_{x,z}^2\sigma_y^2+\left(\frac{\partial u}{\partial z}\right)_{x,y}^2\sigma_z^2$$

具相对的标准误差为

$$\frac{\sigma_u^2}{u}=\frac{\left(\frac{\partial u}{\partial x}\right)_{y,z}^2\sigma_x^2}{f(x,y,z)}+\frac{\left(\frac{\partial u}{\partial y}\right)_{x,z}^2\sigma_y^2}{f(x,y,z)}+\frac{\left(\frac{\partial u}{\partial z}\right)_{x,y}^2\sigma_z^2}{f(x,y,z)}$$

其中，σ_u，σ_x，σ_y，σ_z 分别代表测量 u，x，y，z 的标准误差。

1.3.4 有效数字

有效数字是实际能测到的数字。例如，读取滴定管上的刻度，甲得到 23.43mL，乙得到 23.42mL，这四位数字中前三位数字都很准确，第四位数字是估计出来的，所以稍有差别。第四位数字称为可疑数字，但它不是臆造的，记录时应该保留。这四位数字都是有效数字。

1. 测定有效数字的原则

(1)误差(绝对误差和相对误差)一般只取一位有效数字，最多两位。

(2)任何一个物理量的数据，其有效数字的最后一位，在位数上应与误差的最后一位划齐，如 2.35±0.01 是正确的，若写成 2.351±0.01 或 2.3±0.01 则意义不明确。

(3)若第一位的数值等于或大于8,则有效数字的总位数可以多算一位,如 8.34 在运算时可以看作四位。

(4)0 到 9 都是有效数字，但 0 的作用是不同的。凡用 0 表明小数点的位置，通常用乘 10 的相当幂次表示。例如，0.0043 应作 4.3×10^{-3}；248000 若表示成三位有效数字则应写成 2.48×10^{5}，若表示成四位有效数字则应写成 2.480×10^{5}。

(5)有效数字的位数与十进位制单位的变换无关，如 10.1L 有效数字为三位，与 1.01×10^{4} mL 完全一样。

(6)对数有效数字的位数只算真数部分，因整数部分说明该数的幂次。例如，pH=11.20，其有效数字是两位，则 $a_{H^+}=6.3\times10^{-12}$。

2. 有效数字的修约规则

有效数字位数确定之后，将它后面的多余数字舍弃，舍弃多余数字的过程称为数字修约过程。

(1)“四舍六入五成双”规则。例如，10.344 要求四位有效数字，则舍弃 4，为 10.34；10.346 要求四位有效数字，则六进 1，为 10.35；10.3451 要求四位有效数字，因凡是 5 后边还有数字，就进 1，故为 10.35。如可舍弃的数为 5，5 后边没有数字，前一位若为奇数则进 1，若前一位为偶数就舍去。例如，10.335 要求四位有效数字，则为 10.34；而 10.345 要求四位有效数字，则为 10.34。

(2)一次修约完。例如，8.44346 要求四位有效数字，则为 8.443。

3. 有效数字的运算规则

(1)加减法运算。各数值小数点后所取的位数与其中最少者相同。例如

$$0.0121+25.64+1.05782$$

应为

$$0.01+25.64+1.06=26.71$$

(2)乘除法运算。所得的积或商的有效数字应以各值中有效数字位数最少的

值为标准。例如

$$3.2\times0.432=1.4$$

(3) 在复杂运算时，未达最后结果之前的中间各步可多保留一位有效数字，以免造成误差积累，但最后的结果应按修约规则保留应有的有效数字的位数。

1.3.5 数据的表达

通常，实验数据的表示方法主要有三种：列表法、作图法和方程式法。

1. 列表法

在完成实验数据的采集后，应该将所有数据尽可能完整地、有规律地统计列表，以便进一步进行计算和作图等处理。数据列表时应注意以下几点：

(1) 每个数据表都应有简洁明确的标识名称。

(2) 在数据表的表头(行首或列首的第一栏)位置，应详细地标识数据的名称(或物理量符号)、单位和数量级。

(3) 在数据表中，数字排列要整齐，位数和小数点要尽量对齐，有效数字保留的位数要科学、合理。同一系列的数据(同一行或同一列)要有统一的有效数字、单位和数量级，以便于比较变化趋势和进一步计算。

(4) 原始数据可以和处理的计算结果填写在一张数据表上，同时注明数据的处理方法和选用的公式。

2. 作图法

利用图形表达实验结果能够更直观地比较数值变化规律，更方便进一步求解数据整体趋势，如极大值、极小值、转折点等，还可利用图形求面积、作切线、进行内插和外推等。常用的作图方法举例说明如下：

(1) 求外推值。例如，强电解质无限稀释溶液的摩尔电导率 Λ_m^∞ 不能由实验直接测定，但可作图外推至浓度为 0 处，即得无限稀释溶液的摩尔电导率 Λ_m^∞。

(2) 求极值和转折点。例如，完全互溶双液系统沸点-组成图的绘制，以及最低恒沸点的确定。

(3) 求经验方程。例如，依据阿伦尼乌斯公式（$k=A\cdot e^{-\frac{E_a}{RT}}$），测定不同反应温度 T 下的速率常数 k 值，以 $\ln k$ 对 $\frac{1}{T}$ 作图，可得一条直线，再由直线的斜率和截距可分别求出活化能 E_a 和指前因子 A 的数值。

(4) 作切线求函数的微商。从曲线上一点切线的斜率求函数的微商在数据处理中应用广泛。例如，对反应物浓度-时间曲线上各点作切线，各切线斜率的绝对值即为对应时间点的反应速率。

作图法表达数据可选择使用计算机全自动作图，也可选择坐标纸手绘作图。计算机作图通常可使用 Origin、Microsoft Excel 等软件在计算机上完成列表、计算、作图等操作，具体使用方法请查阅互联网上相关软件的操作指南。

在用坐标纸进行手绘作图法表达数据时应注意以下几个方面：

(1) 坐标纸和比例尺的选择。最常用的坐标纸是直角坐标纸，其他如对数坐标纸、半对数坐标纸和三角坐标纸有时也用到。在用直角坐标纸作图时，一般以自变量(主动变量)为横轴，因变量(被动变量)为纵轴，横轴与纵轴的读数并非一定从 0 开始，要视具体情况而定，以尽可能完整清晰地表达图形为宜。制图时选择比例尺是极为重要的，因为比例尺的改变会引起曲线外形的变化。特别对于曲线的一些特殊性质，如极大值、极小值、转折点等，比例尺选择不当会使图形显示不清楚。例如，图 1-1 为 y 轴与 x 轴比例不当时的 $y=f(x)$ 图，图 1-2 为 y 轴与 x 轴比例适当时的 $y=f(x)$ 图。

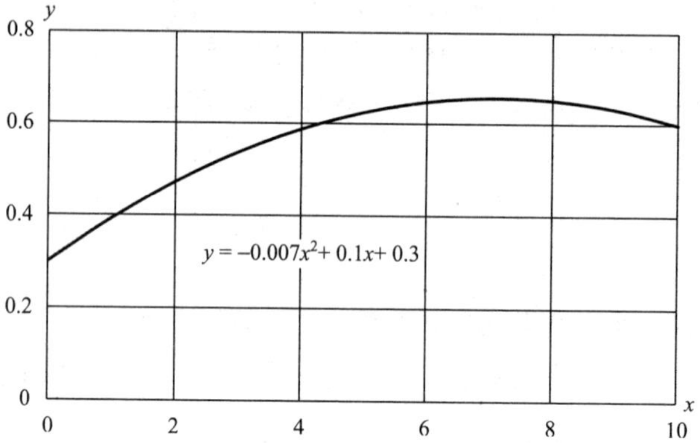

图 1-1　y 轴与 x 轴比例不当时的 $y=f(x)$ 图

比例尺的选择应遵循如下规则：①能表示出全部有效数字，以便从作图法求出的物理量的精度与测量的精度相适应；②图纸每小格所对应的数值应便于迅速简便地读数，便于计算；③充分利用图纸的全部面积，使全图布局匀称合理；④若作的图形是直线，则比例尺的选择应使其斜率接近于 1，即直线与横轴夹角为 45° 左右。

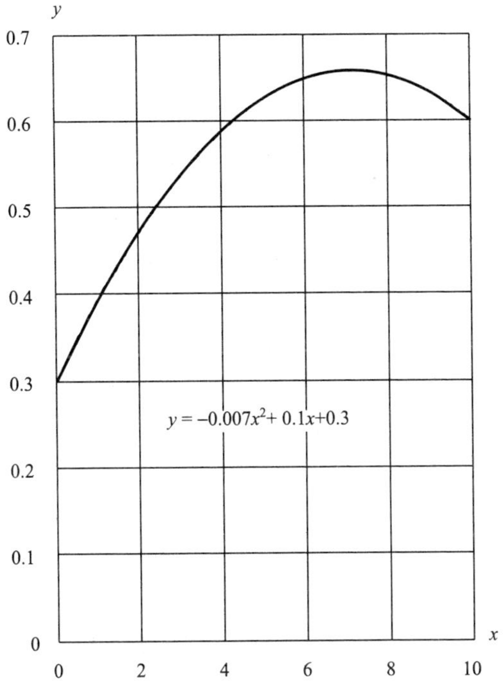

图 1-2　y 轴与 x 轴比例适当时的 $y=f(x)$ 图

(2) 画坐标轴。选定比例尺后，画上坐标轴，在坐标轴旁注明该轴所代表物理量的名称(符号)及单位。读数顺序为横轴从左到右、纵轴自下至上依次增大。

(3) 数据点。将测得数值的各点绘于图上，实验点用铅笔以●、■、▲、× 等符号标出。在一张图纸上如有数组不同的测量数据时，各组测量值相应数据点应用不同符号表示，以示区别。

(4) 连曲线。借助于曲线板或直尺把各点连成线，曲线应光滑均匀、细而清晰，曲线不必强求通过所有各点，实验点应该分布在曲线的两边，在数量上应近似于相等。代表点与曲线间的距离表示测量的误差，曲线与代表点间的距离应尽可能小。

作好一张图的另一个关键是正确选用绘图仪器。铅笔应该削尖，线条才能明晰清楚。画线时应该用直尺或曲线板等工具辅助，不能只凭手感描绘。选用的直尺或曲线板应该透明，才能全面地观察实验数据点的分布情况，画出较理想的图形。

通常在作出曲线后需要进一步在曲线上作切线，作切线通常有两种方法：镜像法和平行线法。

镜像法如图 1-3 所示。先作该点的法线，再作切线。方法是取一块平面镜，垂直放在图纸上，使镜的边缘与线相交于该指定点。以此点为轴旋转平面镜，直到图上曲线与镜像中曲线成一光滑的曲线时沿镜面作直线即为该点的法线，再作法线的垂直线，即为该点的切线。

平行线法如图 1-4 所示。在所选择的曲线段上作两条平行线 *AB* 及 *CD*，作这两线段中点的连线，交曲线于 *O* 点，通过 *O* 作 *AB* 与 *CD* 的平行线 *EOF* 即为 *O* 点的切线。

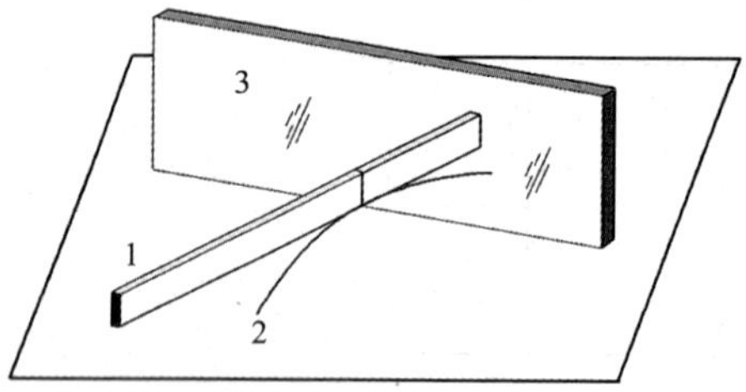

图 1-3　镜像法作切线的示意图

1. 直尺；2. 曲线；3. 平面镜

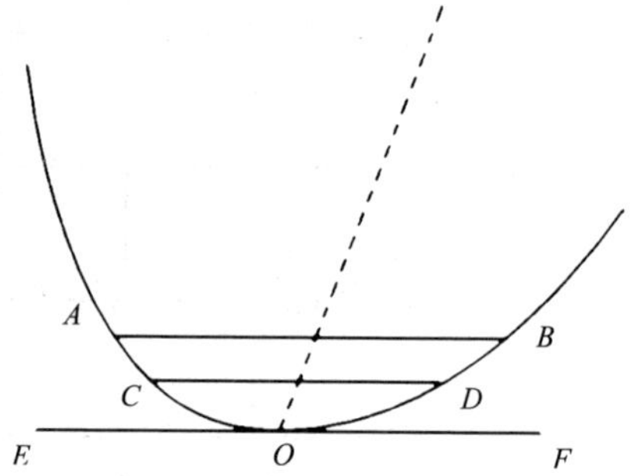

图 1-4　平行线法作切线的示意图

(5) 标出图标。写上清楚完备的图名及坐标轴的比例尺。

3. 方程式法

一组实验数据用数学方程式表示出来，不仅表达方式简单、记录方便，也便于数据处理。求解方程式有两种方法：图解法和计算法。

(1) 图解法。当数学方程为一直线方程时，常用图解法。设直线方程为

$$y = ax + b$$

该直线的斜率为 a，y 轴上的截距为 b。在很多情况下，直接用原始实验数据作图并非直线。例如，液体饱和蒸气压 p 对热力学温度 T 作图是一条光滑曲线。但如果将方程加以适当变形，另选参照数据绘图，即可建立线性关系。例如，将液体饱和蒸气压 p 与热力学温度 T 的关系式改写为克劳修斯-克拉佩龙(Clausius-Clapeyron)方程的不定积分式

$$\ln p = -\frac{\Delta_{\text{vap}}H_{\text{m}}}{R} \cdot \frac{1}{T} + K$$

以 $\ln p$ 对 $\dfrac{1}{T}$ 作图，直线斜率为 $-\dfrac{\Delta_{\text{vap}}H_{\text{m}}}{R}$，这样就可求得该液体的摩尔气化热。

对指数方程，可取对数后成直线。例如，$y=b\cdot e^{ax}$ 取对数得 $\ln y=ax+\ln b$，以 $\ln y$ 对 x 作图为直线；$y=b\cdot x^a$ 取对数得 $\ln y=a\ln x+\ln b$，以 $\ln y$ 对 $\ln x$ 作图为直线。

(2) 计算法。不用作图而直接由所测数据计算。设实验得到几组数据

$$(x_1,y_1),\ (x_2,y_2),\ (x_3,y_3),\ \cdots,\ (x_n,y_n)$$

代入直线方程 $y=ax+b$ 中得

$$\begin{cases} y_1=ax_1+b \\ y_2=ax_2+b \\ y_3=ax_3+b \\ \quad\vdots \\ y_n=ax_n+b \end{cases}$$

就可以把 a，b 确定下来。

由于测定中存在误差，因此用这种方法确定的斜率和截距具有比较大的偏差。对这种偏差可采用不同的方法进行处理，常用的方法有平均法和最小二乘法。

(i) 平均法：其原理是求得的 a，b 值能使 y_i 之和与 (ax_i+b) 之和相等，即

$$\sum_{i=1}^{n}y_i=\sum_{i=1}^{n}(ax_i+b)$$

计算时，先把全部数据分别代入直线方程，再将所有直线方程分成两组，方程式的数目最好为相等或相近，然后将两组方程式分别相加，得到如下两个方程：

$$\begin{cases} \displaystyle\sum_{i=1}^{k}y_i=a\sum_{i=1}^{k}x_i+kb \\ \displaystyle\sum_{j=k+1}^{n}y_j=a\sum_{j=k+1}^{n}x_j+(n-k)b \end{cases}$$

解此联立方程组即可求得 a，b。

(ii) 最小二乘法：这种方法的处理过程比较繁琐，但结果也更可靠。使用此法处理时，通常需要较多的实验数据(一般要 7 组以上)。其基本原理是，在有限次数的测量中求得的 a，b 值并不一定能使 y_i 之和与 (ax_i+b) 之和相等，但可使相互间差值的平方和为最小，即

$$\varDelta=\sum_{i=1}^{n}\left[(ax_i+b)-y_i\right]^2$$

最小。根据数学原理可知，函数极值对自变量的偏微分为零，即

$$\begin{cases}\dfrac{\partial \Delta}{\partial a}=2\sum\limits_{i=1}^{n}x_i\left(ax_i+b-y_i\right)=0\\[2ex]\dfrac{\partial \Delta}{\partial b}=2\sum\limits_{i=1}^{n}\left(ax_i+b-y_i\right)=0\end{cases}$$

解此联立方程组，得

$$\begin{cases}a=\dfrac{n\sum\limits_{i=1}^{n}x_iy_i-\sum\limits_{i=1}^{n}x_i\sum\limits_{i=1}^{n}y_i}{n\sum\limits_{i=1}^{n}x_i^2-\left(\sum\limits_{i=1}^{n}x_i\right)^2}\\[3ex]b=\dfrac{\sum\limits_{i=1}^{n}y_i-a\sum\limits_{i=1}^{n}x_i}{n}\end{cases}$$

1.4　常用物理化学仪器简介

1.4.1　电子分析天平

以 Adventurer 电子分析天平(图 1-5)为例介绍电子分析天平的使用方法。

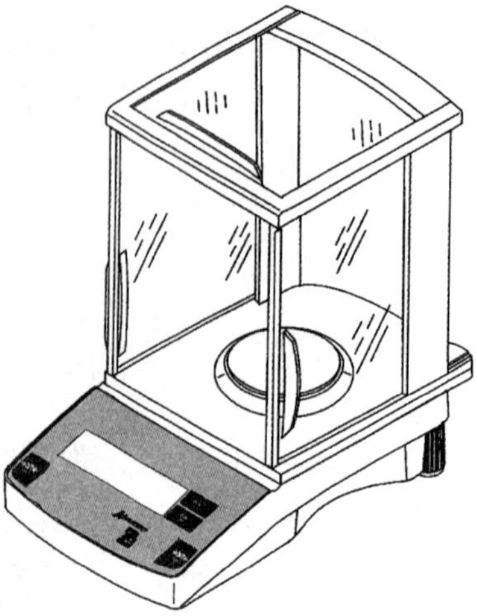

图 1-5　Adventurer 电子分析天平

1. 调节水平

优良的水平位置和稳定的装配是得到好的重复性结果的必要条件。作为对安装位置细小的不规则或倾斜的弥补，可调节天平使之保持水平。在天平的后部有一水平泡指示器，天平后脚处有两只水平调节旋钮。

将天平放置在操作的位置，观察天平的水平泡指示器，通过调节天平后脚处的水平旋钮，使天平的水平泡到中央位置。

注意：每次调整天平的位置后，必须重新调节天平的水平。

2. 连接电源

将 AC 适配器一端插入天平后部电源连接口，另一端与合适的电源连接。

注意：电源插座必须在较靠近天平的位置，并且容易连接。

3. 接通电源

按 >O/T< 键，首先显示所有字段，然后显示软件版本号(初次插上电源时或电源中断时)，最后出现×0.00g。需要预热 20～30min。当天平初次通电时，无需进行菜单设置，便可以单位克称量或使用去皮功能。

4. 关机

按住 Mode Off 键直到显示屏出现“OFF”后松开。

5. 称量

天平开机后，就可以克为单位进行称量。

(1) 如果需要其他单位称量，参考菜单部分进行设置。

(2) 若需显示回零，快速按一下 >O/T< 键。

(3) 将样品置于秤盘上并关闭全部玻璃拉门，从显示屏上读取称量值。当稳定指示器(*)出现后，读数为稳定值。

6. 去皮

当样品需放置在称量纸或容器中进行称量时，按去皮键可把容器的质量从秤盘上的总质量中去除。

(1) 将称量纸或空容器置于天平秤盘上，按 >O/T< 键回零。

(2) 当样品加入容器中时，显示的是样品的净质量，去皮质量保留在天平的存储器中，直至再次按 >O/T< 键。

7. 菜单

设置菜单可激活有效的称量单位、计数称量、线性校准、键盘声响和打印参数。进入天平菜单首先需关机，按住 >O/T< 键不放，直到显示出现“MENU”后松开。翻阅菜单内容，按 Mode Off 键，进入被选菜单项后，按 >O/T< 键。当在菜单中任何一处选择好之后，在退出和保存之前，还可以继续在其他的菜单中添

加选择。若不保存就会回到称量状态，按住 Mode Off 键直到全屏显示时再松开。

MENU

- UNITS —— 克、千克、毫克、克拉、牛顿、磅、盎司、英两、英厘、英钱、摩、m、香港两、新加坡两、台湾两、cL 和计件。选择 ON 或 OFF。注意：每次只能选择一个质量单位
- LIN —— 线性校准
- SYS —— 每个键设置声响，“有”或“没有”
- PRINT —— 设置通信状态和打印参数
- MENU END —— 退出菜单并回到称量状态

注意：若在 UNITS、SYS 和 PRINT 中选择了 END，将会保存每一菜单中的设置。

1.4.2　玻璃恒温槽

以 SYP-Ⅲ玻璃恒温水浴为例介绍恒温槽的使用方法。

1. 产品简介

SYP-Ⅲ玻璃恒温水浴采用高温玻璃材料制成，坚固、耐温性能好，美观实用。升温、搅拌一体化，温度波动小，控温准确度高，使用安全、简便，特别适合高等院校物理化学实验室使用。

2. 技术指标和使用条件

(1)技术指标。

使用温度范围：室温～95℃　　功率：1kW

水浴容量：直径 300mm×深度 300mm　　外形尺寸：直径 340mm×高度 390mm

总重：约 6kg　　分辨率：0.01℃　　稳定度：±0.01℃

回差调节：±(0.1～0.5℃)　　传感器：Pt100 微型

温度探头插入深度：50mm　　响应时间：10s

(2) 使用条件。

电源：AC220V±10%，50Hz

环境：温度−10～50℃；湿度≤85%；无腐蚀性气体的场所。

3. SYP-Ⅲ玻璃恒温水浴的外观

SYP-Ⅲ玻璃恒温水浴如图 1-6 所示。

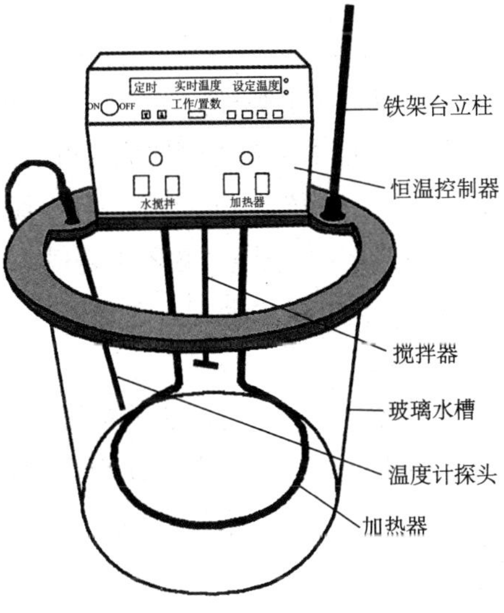

图 1-6　SYP-Ⅲ玻璃恒温水浴

4. 水浴恒温操作

(1) 向玻璃水槽内注入其容积 3/4 的清水，水位高度约 230mm。

(2) 将恒温控制器的感温元件(温度计探头)插入水浴塑料盖前方左边孔中，插入水位深度一般以大于 50mm 为宜。

(3) 接通电源，将恒温控制器电源打开，同时打开搅拌器和加热器开关。

(4) 按下工作/置数按键，此时液晶显示屏右侧的置数灯亮，根据实验要求，设置控制温度：依次按下×10、×1、×0.1、×0.01 和▲▼等按键调整“设定温度”的数值至所需温度值。待设定好后，按下工作/置数按键，此时液晶显示屏右侧的工作灯亮，恒温槽进入工作状态。

(5) 开始加热时，加热器指示灯亮起。若实时温度比设定温度低得较多，可将加热器置于强位置，以使升温速度尽可能快。但当温度接近所设温度时(达到设定温度前的 0.5～1℃)，应将加热器置于弱位置，以减缓升温速度，使温度上升平缓，避免由于加热过度，温度升高到设定温度以上。

(6)当系统温度达到设定温度值时，加热器指示灯熄灭，进入自动恒温状态。待散热后实时温度低于设定温度时，加热器将自动开启加热。

(7)关机：依次关闭加热器、搅拌器和电源开关。

5. 维护注意事项

(1)恒温水浴在搬动过程中须轻拿轻放，以免因破裂而引起安全事故。

(2)长期搁置再启用时，应将灰尘等打扫干净后，将水浴试通电，检查有无漏电现象，避免因长期搁置产生的灰尘及受潮造成漏电事故。

(3)在更换水浴缸中的水时，务必先关闭加热器和水搅拌；在向水浴注水时，玻璃缸的水位高度不得低于 150mm，以免加热器干烧损坏，造成事故。

(4)恒温水浴不宜放置在高温环境中使用，避免靠近发热源，如电暖气或炉子等。

(5)为了保证仪表工作正常，没有专门检测设备的单位和个人，勿打开机盖进行检修，更不允许调整和更换元件，否则将无法保证仪表测量的准确度。

1.4.3　高压钢瓶及减压阀

1. 气体钢瓶简介

气体钢瓶是由无缝碳素钢或合金钢制成，适用于装介质压力在 15MPa 以下的气体。标准气体钢瓶类型如表 1-1 所示。

表 1-1　标准气体钢瓶类型

气体钢瓶类型	用途	工作压力/MPa	试验压力/MPa	
			水压试验	气压试验
甲	装 O_2、H_2、N_2、CH_4、压缩空气和稀有气体等	15	22.5	15
乙	装纯净水煤气及 CO_2 等	12.5	19	12.5
丙	装 NH_3、氯、光气和异丁烯等	3	6	3
丁	装 SO_2 等	0.6	1.2	0.6

2. 气体钢瓶的危险性及使用注意事项

使用气体钢瓶的主要危险是气体钢瓶可能爆炸和漏气(这对可燃性气体钢瓶

更危险，应尽可能避免氧气钢瓶和其他可燃性气体钢瓶放在同一房间内使用，否则也易引起爆炸）。已充气的气体钢瓶爆炸的主要原因是气体钢瓶受热而内部气体膨胀，压力超过气体钢瓶最大负荷，或者瓶颈螺纹损坏，当内部压力升高时，冲脱瓶颈。在这种情况下，气体钢瓶按火箭作用原理向放出气体的相反方向高速飞行，可能造成很大的破坏和伤亡。另外，如果气体钢瓶金属材料不佳或受到腐蚀时，一旦气体钢瓶坠落或撞击坚硬物就会发生爆炸。气体钢瓶（或其他受压容器）使用时需要特别注意：

(1) 气体钢瓶应存放在阴凉、干燥、远离热源（如阳光、暖气、炉火等）的地方。

(2) 搬运气体钢瓶时要轻要稳，要把瓶帽旋上。放置使用时必须固定牢靠。

(3) 使用时要用气压表（CO_2、NH_3 可例外）。一般可燃性气体（如 H_2、C_2H_2）的钢瓶气门螺纹是反扣的。不燃性或助燃性气体（如 N_2、O_2）的钢瓶是正扣的。各种气压表一般不得混用。

(4) 绝不可使油或其他易燃性有机物沾到气体钢瓶上（特别是出口和气压表），也不可用麻、棉等物堵漏，以防燃烧引起事故。

(5) 开启气门时应站在气压表的另一侧，不许把头或身体对准气体钢瓶总阀门，以防阀门或气压表冲出伤人。

(6) 不可把气体钢瓶内气体用尽，以防重新灌气时发生危险。

(7) 使用时要注意各气体钢瓶上漆的颜色及标字，避免混淆。表 1-2 所示为我国气体钢瓶常用标记。

表 1-2 我国气体钢瓶常用标记

气体类别	瓶身颜色	标字颜色	气体类别	瓶身颜色	标字颜色
氮气	黑	黄	二氧化碳	黑	黄
氧气	天蓝	黑	氯气	黄绿	黄
氢气	深绿	红	其他一切可燃气体	红	白
空气	黑	白	其他一切不可燃气体	黑	黄
氨气	黄	黑			

(8) 使用期间的气体钢瓶至少每隔三年进行一次检验。用来装腐蚀性气体的钢瓶至少每两年检验一次。不合格的气体钢瓶应报废或降级使用。

(9) 氢气钢瓶最好放在远离实验室的小屋内，用导管引入（千万要防止漏气），并应另加防止回火的装置。

3. 减压阀的使用

减压阀是经常与气体钢瓶配合使用的一种设备，上面配有两个压力表，其结构如图 1-7 所示。当气体钢瓶上的总阀门打开(旋松)，而减压阀上的出气阀门关闭(旋松)时，靠近气体钢瓶一侧的压力表 1 示数为气体钢瓶内的气体压力读数；当气体钢瓶上的总阀门关闭(旋紧)，而减压阀上的出气阀门打开(旋紧)，并向某密闭容器充气时，远离气体钢瓶一侧的压力表 2 示数为减压阀和密闭容器内气体的压力。

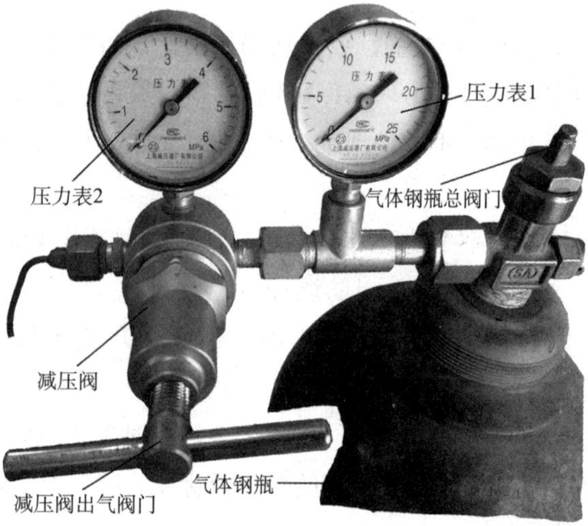

图 1-7　减压阀

第 2 章　化学热力学实验

实验一　燃烧热的测定

一、实验目的

(1) 了解氧弹式热量计的原理、构造和使用方法。

(2) 掌握热化学实验的相关知识和测量技术，并测定萘的燃烧热。

(3) 熟悉恒压反应热与恒容反应热的概念和相互关系。

(4) 了解燃烧热测定过程中的热交换过程，学会利用雷诺曲线校正温差的数据处理方法。

二、实验原理

燃烧热是 1mol 物质完全燃烧时放出的热量。所谓完全燃烧是指反应物中的 C 元素生成 $CO_2(g)$，H 元素生成 $H_2O(l)$，N 元素生成 $N_2(g)$，S 元素生成 $SO_2(g)$，卤素 X 生成 HX(aq)，不活泼金属元素生成游离状态等。

燃烧热可在恒容或恒压条件下测定，如 298.15K 和 100kPa 下，苯甲酸的恒压燃烧热 Q_p 为 $3326.8\mathrm{kJ \cdot mol^{-1}}$。在实验室中通常使用氧弹式热量计测量化学反应的燃烧热，即恒容燃烧热 Q_V。SHR-15 型氧弹式热量计的结构如图 2-1 所示。

由热力学第一定律可知：在不做非体积功的情况下，恒容燃烧热 $Q_V = \Delta U_m$，而一般化学反应大多发生在恒压环境中，需要用到的恒压燃烧热 $Q_p = \Delta H_m$，这二者之间的换算关系为

$$Q_p = Q_V + \Delta nRT \tag{2-1}$$

式中，Δn 为反应进度为 1mol 时，反应前后气相组分物质的量变化值；R 为摩尔气体常量($8.314\mathrm{J \cdot K^{-1} \cdot mol^{-1}}$)；$T$ 为反应热力学温度(K)。

在盛有定量水的热量计内筒(梨形筒)中，将质量为 m 的样品和足量氧气装入密闭的氧弹中，然后使样品完全燃烧，放出的热量传给水及热量计，并引起热量计温度升高。若已知水的质量为 $m_水$，热量计的水当量为 m_1(热量计温度每升高

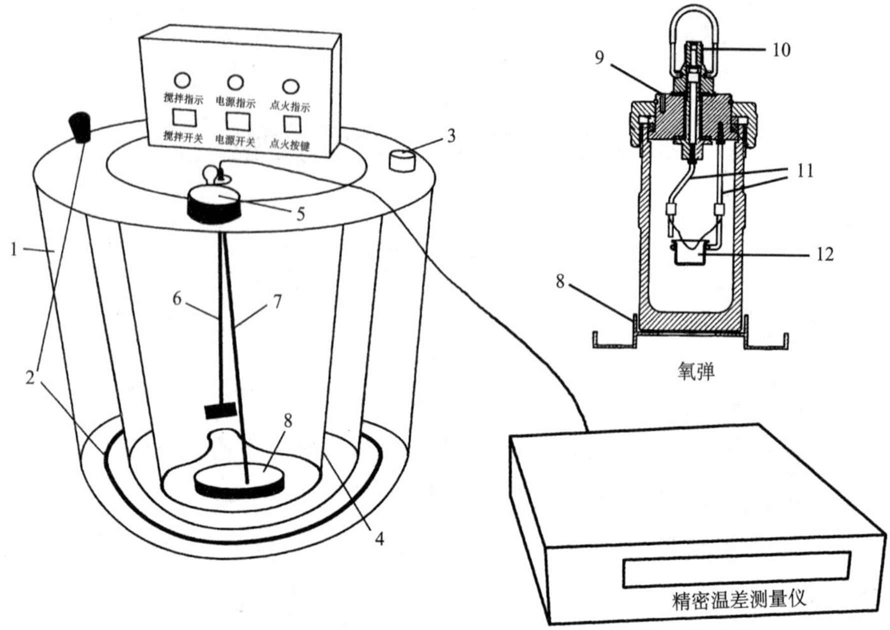

图 2-1　SHR-15 型氧弹式热量计的结构

1. 热量计外筒；2. 外筒水搅拌器；3. 外筒注水口；4. 热量计内筒(梨形筒)；5. 密闭旋钮；6. 内筒水搅拌器；7. 温度计探头；8. 氧弹支架；9. 电极接口；10. 电极接口、充放气阀门；11. 电极接线柱；12. 燃烧皿

1K 所需的热量相当于 m_1 kg 水温度升高 1K 所需的热量)。若燃烧前、后的温度分别为 T_0、T_n，则质量为 m 的样品燃烧反应的热效应为

$$Q = c(m_{水} + m_1)(T_n - T_0) \tag{2-2}$$

式中，水的比热容 $c = 4.18\times10^3\ \text{J·kg}^{-1}\text{·K}^{-1}$。因此，摩尔质量为 M 的样品的恒容燃烧热为

$$Q_V = \frac{M}{m}Q = \frac{M}{m}c(m_{水} + m_1)(T_n - T_0) \tag{2-3}$$

热量计的水当量 m_1 可用已知燃烧热的物质(本实验采用苯甲酸)放在热量计中燃烧，测其燃烧前、后的温度变化，再进一步按下述方法求出。

本实验的温差 $\Delta T = T_n - T_0$ 是利用雷诺校正图(温度-时间曲线)确定的。在实验过程中，系统和环境交换能量的途径有多种，包括传导、辐射、对流和机械搅拌等。在热量计读数测定的前期(燃烧前)和后期(完全燃烧并充分放热后)，系统与环境间的热交换主要来自机械搅拌和水温、室温的微小差别引起的热交换，因此温度的变化不大，交换能量较稳定，随着时间的推移，温度呈线性变化；而燃烧反应期间，由于放热迅速，温度变化较大，系统和环境的温度差随时改变，交换的热量也不断变化，很难用实验数据直接求算。通常解决这个问题的方法是根据不同时间测得的温度数据作温度-时间 (*T-t*) 曲线，即雷诺校正图，如图 2-2 所示。

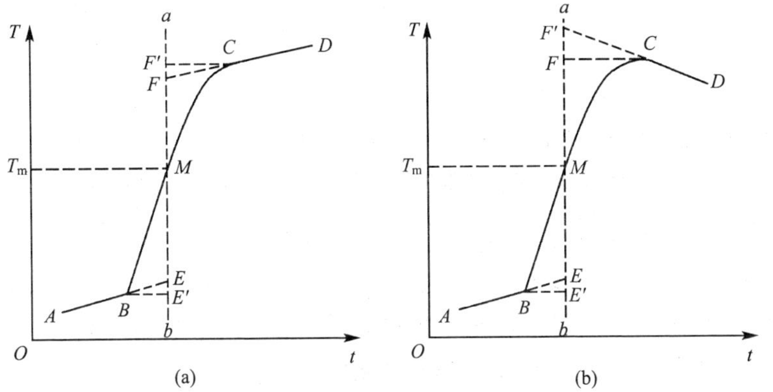

图 2-2　雷诺校正图

图 2-2 (a) 是绝热良好的热量计的雷诺校正图，由于热量计与外界环境几乎没有热交换，因此测量过程中，除了燃烧过程放热外，主要是机械搅拌的热量使热量计温度缓慢均匀地升高。图中 *B* 点是燃烧前最后一个数据点，即开始燃烧的时间点，此后温度快速升高。曲线上 *C* 点之后，温度上升速度又趋于缓慢，与点火前温度变化情况近似，即 *CD* 线与 *AB* 线近似平行。在纵坐标温度 *T* 轴上选取 T_m(约为 *B*、*C* 间的中值) 点，作平行线 T_mM 交曲线于 *M* 点，过 *M* 点作 *ab* 垂线，然后将 *AB* 线和 *DC* 线延长分别交 *ab* 线于 *E* 和 *F* 两点。*F* 点与 *E* 点的温差即为燃烧反应过程引起的温度升高值 ΔT。由于搅拌带来的额外热量在全部测试过程中是恒定的，因此图中 *EE'* 为开始燃烧到温度升高到 T_m 这一段时间内，因搅拌引进了能量而造成热量计温度的升高，必须扣除；而 *FF'* 为温度由 T_m 升高到 *C* 点这一段时间内，热量计因搅拌引进能量而造成热量计温度的升高，也需要扣除。由此可见 *F*、*E* 两点的温差才能真实地表达由于样品燃烧热量计温度升高的值。在这种情况下，由于 *AB* 线与 *CD* 线接近平行，因此理论上 T_m 选取在 *B*、*C* 之间的任何位置都不会影响实验结果。

如果热量计的绝热情况不十分良好，热量计与环境具有一定程度的辐射交换，也可以通过绘制雷诺校正图进行数据校正，如图 2-2 (b) 所示。这时，图中可能会出现温度最高点 *C*，此后温度逐渐下降，这是由于当热量计的水温高于室温时，向环境辐射能量。此时，温差 ΔT 仍可按与上述相同的方法校正，但由于 *AB*

线与 CD 线不再平行，因此 T_m 应当选择室温(预先调节水温低于室温 1℃左右)更为准确。这里，EE'为开始燃烧到温度升高到室温 T_m 这一段时间内，因环境辐射和搅拌引进能量而造成的热量计温度升高，需要扣除；而 FF'为温度由室温 T_m 升高到温度最高点 C 的时间段内，热量计因向环境辐射能量和搅拌引进能量而造成的综合结果使热量计温度降低，需要加上。

利用雷诺校正图也可以计算热量计的水当量。在实验过程中，用已知燃烧热的物质苯甲酸进行实验测定，除苯甲酸燃烧放出热量使系统温度升高以外，其他因素——燃烧丝的燃烧、棉线的燃烧、在氧弹内 N_2 和 O_2 化合成硝酸并溶于水中等，都会引起系统温度的变化，因此在计算水当量时对这些因素都必须进行校正：

(1)苯甲酸的燃烧热为 $26481kJ \cdot kg^{-1}$。

(2)燃烧丝的校正：铜丝放热 $2510kJ \cdot kg^{-1}$，镍丝放热 $3243kJ \cdot kg^{-1}$。

(3)棉线的校正：棉线放热 $16736kJ \cdot kg^{-1}$。

(4)酸的校正：本实验中 N_2 的氧化热和酸的溶解热占比很小，暂可忽略。

因此水当量为

$$m_1 = \frac{Q_{苯甲酸} + Q_{燃烧丝} + Q_{棉线}}{c(T_n - T_0)} - m_{水} \tag{2-4}$$

三、仪器与药品

氧弹式热量计、精密温差测量仪、氧气钢瓶及减压阀、压片机、剪刀、活动扳手、电子台秤、电子分析天平、2000mL 量筒、万用表。

镍丝、棉线、苯甲酸(A.R.)、萘(A.R.)。

四、实验步骤

1. 测定水当量

(1)检查、整理热量计及其全部附件，擦洗干净。

(2)用电子台秤称取 0.8～1.0g 苯甲酸，在压片机中压成片。分别剪取约 15cm 长的燃烧丝一根和棉线一根，用电子分析天平准确称量其质量分别为 m'和 m''。先用燃烧丝在样品片上交叉成十字形，留出两端准备连接电极，再用棉线将样品片与燃烧丝固定好，准确称量其总质量为 m，则样品质量为$(m-m'-m'')$。

(3)旋开氧弹上盖，在氧弹瓶中加入约 10mL 蒸馏水(吸收生成的硝酸、CO_2 等物质)。将燃烧丝两端固定在氧弹上盖的两个电极上，并使样品片悬挂在燃烧皿中心正上方，注意两电极切不可相碰，以免造成短路。小心旋紧氧弹上盖，用万用表检查两电极是否导通。若导通，可充氧气(钢瓶和减压阀的使用见绪论部分，必须事先认真学习)。从进气口充高纯氧气至 2MPa 左右(勿超过 2.5MPa)。

(4)将氧弹放入热量计内筒(梨形筒)的支架中。用量筒量取 3000mL 水倒入梨形筒中，水面应盖过氧弹。盖上热量计盖板，确保两个点火电极氧弹的两电极接触良好。将温度计探头插入梨形筒的水中。打开热量计电源，按下搅拌按钮开始搅拌。同时，打开精密温差测量仪电源开关，待温度基本稳定后，按下温差测量仪的采零键将温差值清零，同时记录此时的水温。

(5)在计算机上打开燃烧热 2.0 软件，依次设置串行口为 COM2，坐标系为横坐标 0～20min、纵坐标–0.1～2.5，采样时间为 30s。

(6)在水当量曲线图窗口中点击操作菜单中的开始绘图，每隔 30s 采集一次温差数据(实际记录时应记录温度数据，即将温差数值与最初采零时的初始温度相加)，连续读取 6 组数据。在记录第 6 组数据的同时，立即按下热量计上的点火按钮，并继续每隔 30s 采集一次温差读数(仍要换算成温度数据记录)。在燃烧过程中，要注意观察温差测量仪上的温度变化，如果点火后温度上升速度明显加快，则证明点火成功，如果温度变化不明显加快，则说明点火没有成功，需停止实验，关闭电源，取出氧弹，检查原因，排除故障，重新点火。

(7)点火成功后，再连续记录 20 组温度数据，点击操作菜单中的停止绘图，便可按下列步骤停止实验：停止搅拌，切断电源，拔出温度计探头，打开热量计盖板，取出氧弹并将其擦干，用放气阀缓缓放出残余气体，拧开弹盖，将燃烧后剩下的燃烧丝取下，并放在电子分析天平上准确称量(如果能称取读数，需记录此数值，在计算时需将剩余燃烧丝的质量扣除)。最后倒去热量计梨形筒中的水，擦干全部设备待用。

2. 测定萘的燃烧热

称取约 0.5g 萘，选择待测物曲线图窗口，用与测定水当量同样的方法测定萘的燃烧热。

五、实验记录

样品质量(10^{-3}kg)		样品种类	燃烧丝 m'	棉线 m''	总质量 m	样品 $m-m'-m''$	
		苯甲酸					
		萘					
热量计内筒温度/℃	点火前	时间/s	30	60	90	120	150	180
		苯甲酸						
		萘						
	点火后	时间/s	210	240	270	300	330	
		苯甲酸						
		萘						
		时间/s	360	390	420	450	480	
		苯甲酸						
		萘						
		时间/s	510	540	570	600	630	
		苯甲酸						
		萘						
		时间/s	660	690	720	750	780	
		苯甲酸						
		萘						

六、数据处理

(1) 分别将水当量测定和萘燃烧热测定实验中的温度及对应时间关系作图(T-t 图)，并根据雷诺校正图的原理分别求出反应过程中的温差 ΔT。

(2) 计算热量计的水当量 m_1。

(3) 计算萘的恒容燃烧热 Q_V 和恒压燃烧热 Q_p。

(4) 计算萘的摩尔生成热 $\Delta_f H_m$。

七、思考题

(1) 本实验的哪些部分是系统？哪些部分是环境？系统与环境之间通过哪些途径进行热交换？这些热交换对实验结果分别造成了什么影响？怎样对这些影响进行校正？

(2) 实验中，搅拌速度太慢或太快对实验结果有何影响？

(3) 根据绘制的雷诺校正图说明参考温度 T_m 的选取对实验结果是否有影响。

实验二　液体饱和蒸气压的测定

一、实验目的

(1) 熟悉单组分系统气-液两相平衡时的温度、压力关系，深入理解液体的沸点与饱和蒸气压的概念。

(2) 掌握测定液体饱和蒸气压的方法。

(3) 熟悉应用克劳修斯-克拉佩龙方程计算摩尔气化热的方法。

二、实验原理

对于单组分系统，指定温度下气-液两相平衡时的蒸气压称为液体的饱和蒸气压，此时蒸发 1mol 液体所需要吸收的热量称为该温度下液体的摩尔气化热，用 $\Delta_{vap}H_m$ 表示。液体饱和蒸气压 p 与气-液平衡时的温度 T 之间的关系符合克劳修斯-克拉佩龙方程

$$\frac{d(\ln p)}{dT} = \frac{\Delta_{vap}H_m}{RT^2} \tag{2-5}$$

随着温度的升高，液体的饱和蒸气压也随之增大。当饱和蒸气压等于外界压力时，液体开始"沸腾"，其对应的温度称为沸点。当饱和蒸气压等于标准大气压(101.325kPa)时，对应的温度称为该液体的标准沸点。

通常情况下，如果温度不太高，温度变化范围也不太大时，摩尔气化热 $\Delta_{vap}H_m$ 可视为常数，于是将式(2-5)作不定积分可得

$$\ln p = -\frac{\Delta_{vap}H_m}{R} \cdot \frac{1}{T} + C \tag{2-6}$$

由式(2-6)可以看出，若以 $\ln p$ 对 $\frac{1}{T}$ 作图，可得一直线，其斜率应为

$$m = -\frac{\Delta_{vap}H_m}{R} \tag{2-7}$$

即

$$\Delta_{vap}H_m = -Rm \tag{2-8}$$

测定液体饱和蒸气压的常用方法有两种：

(1) 动态法。动态法是利用物质气-液两相平衡条件下发生的相变化过程，确定系统温度与蒸气分压的方法。常用的动态法是饱和气流法，即在指定温度的环

境中，使一定量的空气或其他惰性气体(与待测物质不发生化学反应)通过待测液体，形成饱和气流，再用化学分析法(用某物质完全吸收待测液体蒸气)或仪器分析法(气相色谱等)求出蒸气的分压。由于在测定条件下很难形成真正的饱和蒸气，因此这种方法实际测得的蒸气压往往偏低，需要进一步进行修正处理。

(2)静态法。静态法是把待测物质置于封闭容器中，在不同温度下直接测定液体的饱和蒸气压或在不同外压下测定液体的沸点。这种方法适用于测定易挥发性液体，数据可靠性强。

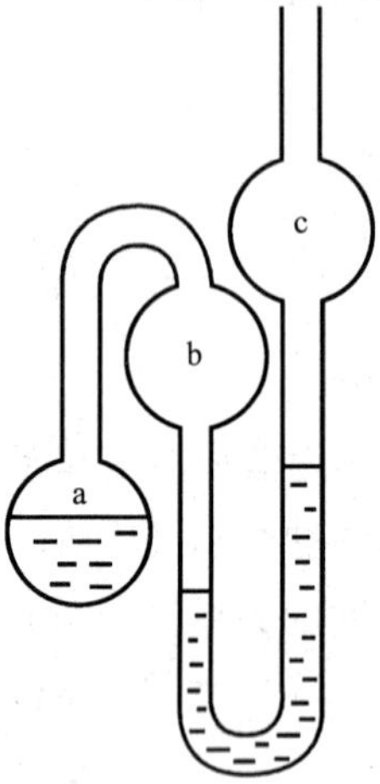

图 2-3　平衡管

本实验采用静态法测定不同温度下液体的饱和蒸气压。静态法的测定仪器称为平衡管，如图 2-3 所示。平衡管是由三个相连的玻璃球 a、b 和 c 组成。a 球中储存有待测液体，体积约占 a 球的 2/3 为宜。b、c 球底部用 U 形玻璃管连通，U 形管内部也盛装待测液体。当 a、b 球连通的部分完全是待测液体的蒸气，并且 b 球与 c 球之间的 U 形管中液面相平时，则表示加在 b 管液面上的蒸气压与加在 c 管液面上的外压相等。此时，c 管液面测得的外压即为该温度下液体的饱和蒸气压，而液体的温度即是系统气-液平衡温度，即沸点。

三、仪器与药品

玻璃恒温水浴、缓冲储气罐、平衡管(带冷凝管)、冷阱、精密数字压力计、循环水式真空泵、乳胶管、真空管。

异丙醇(A.R.)。

四、实验步骤

1. 系统减压，排除空气

按图 2-4 将仪器装好。在开始实验前要检查装置是否漏气，关闭储气罐的平衡阀 1，打开进气阀和平衡阀 2，开动水泵，当测压仪的示数为–50～60kPa 时，关闭进气阀，观察测压仪读数，若读数不变，则系统不漏气；若真空度下降，则系统漏气，要查清漏气原因并排除故障。

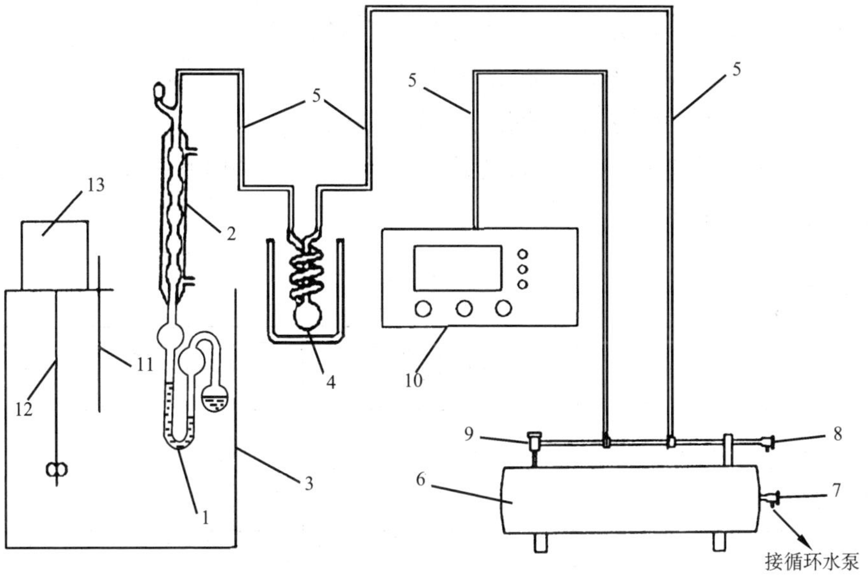

图 2-4　液体饱和蒸气压测定装置

1. 平衡管；2. 冷凝管；3. 恒温槽；4. 冷阱；5. 真空管；6. 储气罐；7. 进气阀；8. 平衡阀 1；9. 平衡阀 2；10. 数字压力计；11. 温度计探头；12. 搅拌器；13. 恒温控制器

若系统不漏气，则在平衡管的 a 球中装入 2/3 体积的异丙醇，在 b、c 球之间的 U 形管中也装入适量的异丙醇。U 形管中不可装液太少，液体太少容易倒灌空气；也不宜太多，液体太多不利于观察液面。装液后将平衡管重新安装到测定装置上，通冷凝水。

开启平衡阀 1，使系统通大气，按下数字压力计上的采零键，此时数字压力计上的示数就是以大气压为零点测定的真空度。调节恒温槽恒温至 30℃，开始对系统减压数分钟，直至排净平衡管 a、b 球之间的全部空气(通常真空度至少要达到−90kPa 以上)，然后关闭进气阀。

2. 测定不同温度下的饱和蒸气压

待恒温槽恒温至 30℃，并且 a、b 球之间的空气已被全部排净后，慢慢旋平衡阀 1，放入少量空气，此时 U 形管内 c 球下方的液面下降，b 球下方的液面上升，两液面的高度接近。如果放入少量空气后 c 球下的液面低于 b 球下的液面，则需要再开启进气阀对系统减压。若有空气穿过 U 形管液体部分进入系统，则必须重新对系统抽气，以排除全部空气。按上述方法反复调节，直至使 b、c 球下方互连的 U 形管内两液面相平，记录数字压力计上的真空度示数。需要注意的是，实际的液体饱和蒸气压数值应为真空度与大气压的代数和。

依次将恒温槽调节恒温至 32℃、34℃、36℃、38℃、40℃、42℃、44℃、46℃、48℃、50℃，用相同的方法分别测定饱和蒸气压。

实验完毕，先打开平衡阀 1，使系统通大气后方可关闭循环水泵，否则水泵中的水会倒灌入储气罐。

五、实验记录

温度/℃	30	32	34	36	38	40	42	44	46	48	50
真空度/kPa											
蒸气压 p/kPa											
$(1/T)/K^{-1}$											
$\ln p$											

六、数据处理

(1) 将测定温度、真空度读数数据列表，并计算不同温度下的饱和蒸气压 p。

(2) 绘制蒸气压随温度变化的曲线 p–T 图。

(3) 分别计算热力学温度的倒数 $\frac{1}{T}$ 和饱和蒸气压的对数 $\ln p$，以 $\ln p$ 对 $\frac{1}{T}$ 作图，并由直线的斜率计算异丙醇的摩尔气化热 $\Delta_{vap}H_m$。

七、思考题

(1) 为什么平衡管 a、b 之间的空气要排净？怎样判断空气已经被排净？若未排净空气将会对实验结果产生什么影响？

(2) 测定饱和蒸气压时，是否要严格控制恒温？为什么？

(3) 实验中，是否每次调节下一恒定温度时都需要重新排除空气？为什么？

实验三　凝固点降低法测定相对分子质量

一、实验目的

(1) 用凝固点降低法测定萘的相对分子质量。

(2) 掌握溶液凝固点的测定技术。

(3) 掌握温差测量仪的使用方法。

二、实验原理

化合物的相对分子质量是一个重要的物理化学数据。凝固点降低法是一种相对简单、也比较准确的测定相对分子质量的方法。凝固点降低法在实际应用和对溶液的理论研究方面都具有重要的意义。

凝固点下降是稀溶液的依数性质之一，其根本原因是稀溶液溶剂的蒸气分压小于纯溶剂的饱和蒸气压，造成溶液的凝固点低于纯溶剂的凝固点。对于稀溶液，凝固点的下降与溶质的质量摩尔浓度成正比：

$$\Delta T_f = T_0 - T = K_f b_B \tag{2-9}$$

式中，T_0为纯溶剂的凝固点(K)；T为稀溶液的凝固点(K)；b_B为溶液的质量摩尔浓度($mol \cdot kg^{-1}$)；K_f为凝固点降低常数($K \cdot kg \cdot mol^{-1}$)，其值只与溶剂的性质(摩尔质量、凝固点、熔化热等)有关，而与溶质的性质无关。

若称取一定质量的溶质 B 和溶剂 A 配制成稀溶液，则此稀溶液的质量摩尔浓度 b_B 可表示为

$$b_B = \frac{1000 m_B / M_B}{m_A} \tag{2-10}$$

式中，m_B和m_A分别为溶质 B 和溶剂 A 的质量(kg)；M_B为溶质的相对分子质量($g \cdot mol^{-1}$)。

如果已知溶剂的K_f值，则测定此溶液的凝固点降低值即可按下式计算溶质的相对分子质量

$$M_B = \frac{1}{b_B} \cdot \frac{1000 m_B}{m_A} = \frac{K_f}{T_0 - T} \cdot \frac{1000 m_B}{m_A} \tag{2-11}$$

纯溶剂的凝固点是它的液相和固相共存的平衡温度。若将纯溶剂逐步冷却，其步冷曲线理论上应该如图 2-5 中的曲线 I 所示。但实际测试过程中，由于通常会发生过冷现象，在过冷过程中，温度先低过凝固点，待有少量固体析出后，温

度才回升到稳定的平衡温度，待液体全部凝固后，温度再逐渐下降，其步冷曲线呈现如图 2-5 中曲线Ⅱ的形状。

溶液的凝固点是该溶液的液相与溶剂的固相共存的平衡温度。若将溶液逐步冷却，其冷却曲线与纯溶剂不同，如图 2-5 中的曲线Ⅲ、Ⅳ。由于部分溶剂凝固而析出，剩余溶液的浓度逐渐增大，因而剩余溶液与溶剂固相的平衡温度也逐渐下降。本实验所要测定的是浓度已知的溶液的凝固点。因此，所析出的溶剂固相的量不能太多，否则影响原溶液的浓度。如稍有过冷现象(如图 2-5 中曲线Ⅳ所示)，对相对分子质量的测定无显著影响；如过冷严重，则冷却曲线(如图 2-5 中曲线Ⅴ所示)测得的凝固点将偏低，影响相对分子质量的测定结果。因此在测定过程中必须设法控制过冷程度，一般可通过控制寒剂的温度、搅拌速度等方法来达到目的。

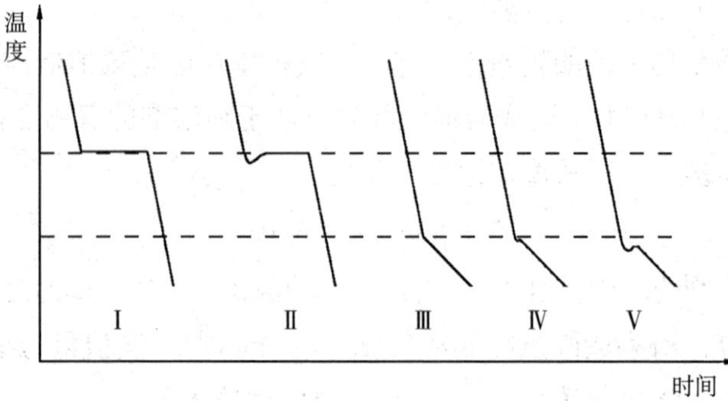

图 2-5　纯溶剂和稀溶液的步冷曲线

由于稀溶液的凝固点降低值不大，因此温度的测量需要用较精密的仪器，在本实验中采用精密温差测量仪。

做好本实验的关键：一是控制搅拌速度，每次测量时的搅拌条件和速度尽量一致；二是寒剂的温度，过高则冷却太慢，过低则测不准凝固点，一般要求较溶剂凝固点低 3～4℃,因此本实验中采用冰水混合物作寒剂。

表 2-1　苯的密度

温度/℃	0	10	20	30	40
密度/($kg \cdot m^{-3}$)	900.1	889.5	879.0	868.5	857.6

三、仪器与药品

精密温差测量仪、凝固点测定仪、玻璃缸、酒精温度计、10mL 吸量管、2mL 吸量管。

苯(A.R.)、萘(A.R.)。

四、实验步骤

凝固点测定仪装置如图 2-6 所示。

1. 调节水浴的温度

将水及少量的冰加入冰水浴槽中，调节冰水的量使水浴的温度为 3℃左右。在实验过程中，要不断搅拌并补充少量的冰，使水浴的温度保持在 3℃左右。

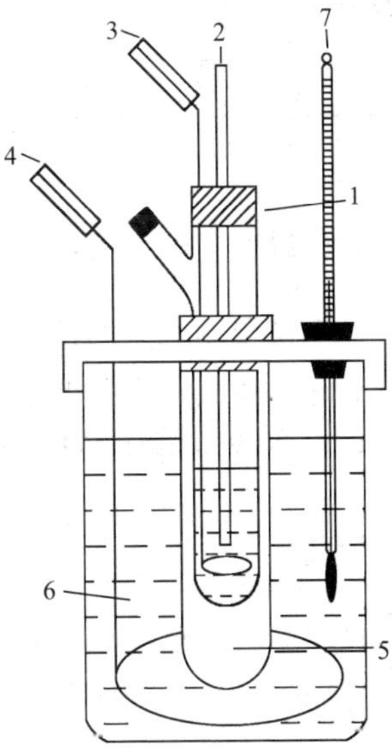

图 2-6　凝固点测定仪

1. 凝固点测定仪内管；2. 温差测量仪的探头；3、4. 搅拌棒；5. 凝固点测定仪空气套管；6. 冰水浴；7. 酒精温度计

2. 溶剂凝固点的测定

在室温下，用移液管移取 12mL 苯，加入干燥的凝固点测定仪内管中，将精密电子温差测量仪的探头插入凝固点测定仪内管溶液的中间位置，并塞上塞子，把内管直接放入冰水浴中。

将温差测量仪的电源开关打开，预热 5min，不断上下移动搅拌棒 3 和 4，使内管中苯液逐步冷却。当看见有固体析出时，将凝固点测定仪内管取出并擦干冰水，插入空气套管中，缓慢而均匀地搅拌。当温差测量仪上的读数基本不变时，记下此数值，此值即为苯的凝固点 T_0(注意：要记录温差测量仪上的温度示数，而不是温差示数)。

取出凝固点测定仪内管，用手温热，待固体全部熔化后，再重复上步实验，准确测定苯凝固点三次。

3. 溶液凝固点的测定

取出内管，使管中苯熔化成液体。准确称量萘 0.1g，放入含有苯液的内管中，上下移动搅拌棒 3，使萘均匀溶解在苯液中。测定溶液的凝固点方法与纯溶剂方法相同，重复三次(注意：冰水槽温度最好始终保持在 3℃左右，以确保三次数据相同)。当有过冷现象时，读取过冷后回升所达到的最高温度。

实验完毕后，关闭电源，将废液倒入回收瓶中。

五、实验记录

	1	2	3	平均值
纯苯的凝固点 T_0/℃				
溶液的凝固点 T/℃				

六、数据处理

(1)根据室温及苯的密度，计算 12mL 苯的质量。

(2)计算本实验中萘的相对分子质量。

(3)根据萘的相对分子质量(128.174)，计算测量结果的相对误差。

七、思考题

(1)应用凝固点降低法测定相对分子质量在选择溶剂时应考虑哪些问题？

(2)如何防止过冷现象产生？

(3)在本实验中搅拌的速度如何控制？太快或太慢有何影响？

实验四　完全互溶双液系统沸点-组成图的绘制

一、实验目的

(1) 了解溶液的沸点与气-液两相组成的关系。

(2) 绘制乙醇-1,2-二氯乙烷溶液的沸点-组成图。

(3) 进一步理解分馏原理。

(4) 掌握阿贝折光仪的正确使用方法。

二、实验原理

当液体的饱和蒸气压与外压相等时，液体与其蒸气相呈两相平衡状态，此时的温度即为液体的沸点。在指定的外压下，单组分系统的液体沸点具有确定的数值。而对于完全互溶的双液系统，沸点不仅与外压有关，还和液体的组成有关，因此溶液的沸点随着气 液两相比例的变化而变化。

在常温下，具有挥发性的 A 和 B 两种液体如果能以任意比例相互溶解为均匀的一个液相，则称为完全互溶的二组分气-液系统，也称为完全互溶的双液系统。在恒定压力下，表示双液系统的沸点与组成关系的相图称为沸点-组成图，即 T-x 图。完全互溶双液系统的沸点-组成图有多种类型，概括起来可大致分为以下三类。

第 Ⅰ 类：溶液沸点介于两纯组分沸点之间，如苯和甲苯的混合系统，其沸点-组成图如图 2-7 所示。此类溶液在恒压下蒸馏时，其气相组成和液相组成并不相同，具有较低蒸气压的液体(难挥发组分 B)在气相中的组成 x_B(G)总是小于在液相中的组成 x_B(L)，因此可以通过反复蒸馏(也称为精馏或分馏)使互溶的二组分完全分离。

第 Ⅱ 类：溶液具有最高恒沸点，如卤化氢和水、丙酮和氯仿等，其沸点-组成图如图 2-8 所示。

第 Ⅲ 类：溶液具有最低恒沸点，如苯和乙醇、环己烷和乙醇、乙醇和 1,2-二氯乙烷、水和乙醇等，其沸点-组成图如图 2-9 所示。

在第 Ⅱ、Ⅲ 类的 T-x 图中，出现极值点(极大值或极小值)，此点的温度称为恒沸点。在恒沸点时，气相的组成与液相的组成相同，称为恒沸组成，而具有此组成的混合物称为恒沸混合物。对于 Ⅱ、Ⅲ 两类溶液，简单的反复蒸馏只能获得某一纯组分和恒沸混合物，而不能同时得到两种纯组分。恒沸点和恒沸混合物的组成与外压有关，改变外压可使恒沸点和恒沸混合物的组成发生变化。

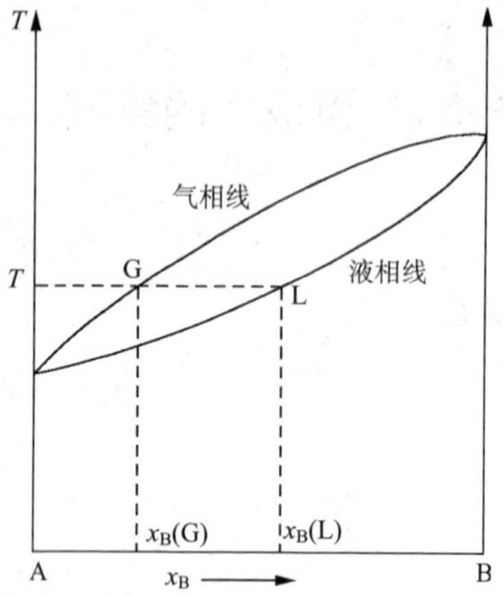

图 2-7　偏差较小类型

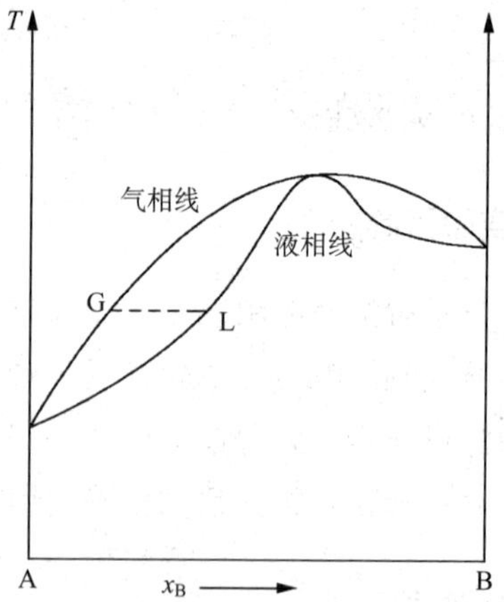

图 2-8　具有最高恒沸点类型

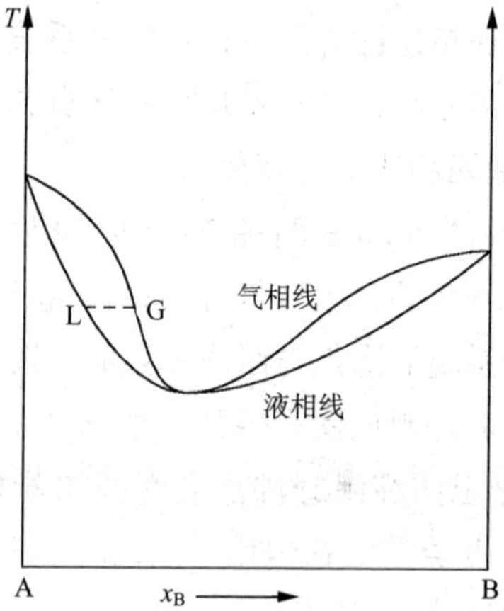

图 2-9　具有最低恒沸点类型

本实验乙醇与 1,2-二氯乙烷的混合物属于第Ⅲ类溶液，具有最低恒沸点。

为了绘制沸点-组成图，本实验将乙醇与 1,2-二氯乙烷配成不同组成的溶液，利用回流及分析的方法，测定不同组成溶液的沸点及气、液两相的组成。由于乙醇和 1,2-二氯乙烷的折射率相差比较明显，因此可通过溶液折射率的测定来确定气、液两相的组成。为此，可先配制一系列不同组成的乙醇-1,2-二氯乙烷溶液，然后用阿贝折光仪(阿贝折光仪的使用详见本实验附录)测定其相应的折射率，由此可绘制折射率-组成的标准曲线。通过标准曲线可以查出该温度下气液两相平衡时折射率所对应的组成。而气、液两相达到平衡时的沸点温度可直接获得。

本实验所用的仪器为沸点仪，如图 2-10 所示。

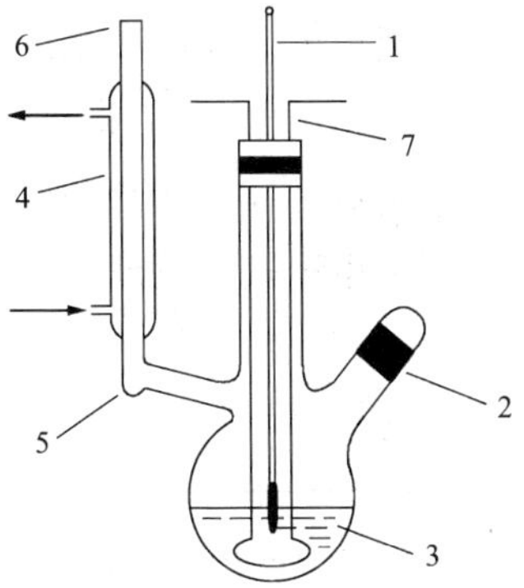

图 2-10　沸点仪

1. 温度计；2. 加液口(蒸馏液取液口)；3. 蒸馏液；4. 冷凝管；5. 蒸出液；6. 蒸出液取液口；7. 加热电阻丝

三、仪器与药品

阿贝折光仪、沸点仪、精密数字调压器、铜导线、电阻丝、1/10 温度计、滴管、10mL 吸量管、5mL 吸量管、1mL 吸量管、50mL 锥形瓶。

无水乙醇(A.R.)、1,2-二氯乙烷(A.R.)。

四、实验步骤

1. 绘制标准曲线

按下述配比在锥形瓶中配制 8 种不同体积分数的 1,2-二氯乙烷-乙醇溶液。每种溶液的总体积为 5mL。配好后摇匀，迅速用阿贝折光仪测定各溶液的折射率。然后，作折射率对组成的标准曲线。

1,2-二氯乙烷	100%	85%	70%	55%	40%	25%	10%	0%
乙醇	0%	15%	30%	45%	60%	75%	90%	100%

2. 安装沸点仪

将干燥的沸点仪按图 2-10 安装好，检查带有温度计的胶塞是否塞紧，不能漏气。内装电阻丝可供加热，同时也防止暴沸。也可采用电热套在沸点仪外部加热(需加沸石)。

3. 测定沸点和蒸出液、蒸馏液的折射率

取 20mL 1,2-二氯乙烷加入沸点仪的烧瓶内，调整温度计的位置使温度计的水

银球一半浸入溶液中，一半露于蒸汽中。通冷凝水。通电加热，调变压器输出电压在 100～130V，使溶液沸腾。每隔一段时间，将冷凝管下部积液倾倒回蒸馏瓶，重复两三次，待温度恒定后记下沸点并停止加热。用两支干净的滴管分别从冷凝管下部蒸出液和烧瓶内的蒸馏液中迅速取几滴液体，立即测定其折射率，读数三次，记录平均值。然后按下列次序和数量逐步加入乙醇，同时加热溶液至沸腾，记下沸点并测定蒸出液、蒸馏液的折射率。

次序	1	2	3	4	5	6
加乙醇量/mL	0.40	0.60	1.00	2.00	4.00	8.00

将烧瓶中溶液倒入回收瓶中，用少许乙醇洗数次。

取 20mL 乙醇置于烧瓶中，按上述方法测定沸点和蒸出液、蒸馏液的折射率，然后按下列次序和数量逐步加入 1,2-二氯乙烷。每次加完后，混合均匀，测其沸点及蒸出液和蒸馏液的折射率。

次序	1	2	3	4	5	6
加 1,2-二氯乙烷量/mL	0.50	1.00	2.00	3.50	5.00	8.00

五、实验记录

1. 标准曲线

φ(1,2-二氯乙烷)/%	100	85	70	55	40	25	10	0
w(1,2-二氯乙烷)/%								
折射率								

注：φ 为体积分数，w 为质量分数。

2. 20mL1,2-二氯乙烷中加乙醇

加乙醇量/mL	0.00	0.40	0.60	1.00	2.00	4.00	8.00
沸点/℃							
蒸出液的折射率							
蒸出液 w(1,2-二氯乙烷)/%							
蒸馏液的折射率							
蒸馏液 w(1,2-二氯乙烷)/%							

3. 20mL 乙醇中加 1,2-二氯乙烷

加 1,2-二氯乙烷量/mL	0.00	0.50	1.00	2.00	3.50	5.00	8.00
沸点/℃							
蒸出液的折射率							
蒸出液 w(1,2-二氯乙烷)/%							
蒸馏液的折射率							
蒸馏液 w(1,2-二氯乙烷)/%							

六、数据处理

(1) 由标准曲线各样品点 1,2-二氯乙烷的体积分数(φ)计算 1,2-二氯乙烷的质量分数(w)，并填入实验数据表中。已知 1,2-二氯乙烷的密度为 1.252g · cm^{-3}，乙醇的密度为 0.789g · cm^{-3}。

(2) 以折射率为纵坐标，1,2-二氯乙烷质量分数为横坐标作标准曲线，并用内插法在标准曲线上找出各样品蒸出液和蒸馏液的组成，填入实验数据表格中。

(3) 作 1,2-二氯乙烷-乙醇的沸点-组成图(T-x 图)，并求出最低恒沸点及相应的恒沸混合物的组成。

七、思考题

(1) 平衡时，气液两相温度应不应该一样？实际是否一样？怎样防止有温度差异？

(2) 沸点仪中收集气相冷凝液的袋状部分的大小对测量结果有何影响？

【附录】 2WA-J 型阿贝折光仪

1. 仪器用途

阿贝折光仪是测定透明、半透明液体或固体的折射率 n_D 和平均色散 n_F-n_C 的仪器(其中以测透明液体为主)，如在仪器上接恒温器，则可测定温度为 0～70℃内的折射率 n_D。

折射率和平均色散是物质的重要光学常数，能借以了解物质的光学性能、纯度、浓度及色散大小等。该仪器能测出蔗糖溶液含糖浓度的百分数(0%～95%，相当于折射率为 1.333～1.531)。该仪器使用范围甚广，是石油工业、油脂工业、

制药工业、制漆工业、食品工业、日用化学工业、制糖工业和地质勘查等有关工厂、学校及有关科学研究单位不可缺少的常用设备之一。

2. 仪器规格

n_D 测量范围	n_D 测量准确度	仪器质量	仪器体积
1.300～1.700	±0.0002	2.6kg	100mm×200mm×240mm

3. 仪器工作原理简述

折光仪的基本原理为折射定律：$n_1 \sin\alpha_2 = n_2 \sin\alpha_1$，$n_1$、$n_2$ 为交界面两侧的两种介质的折射率(图 2-11)，α_2 为入射角，α_1 为折射角。

若光线从光密介质进入光疏介质，入射角小于折射角，改变入射角可以使折射角达到 90°，此时的入射角称为临界角，本仪器测定折射率是基于测定临界角的原理。

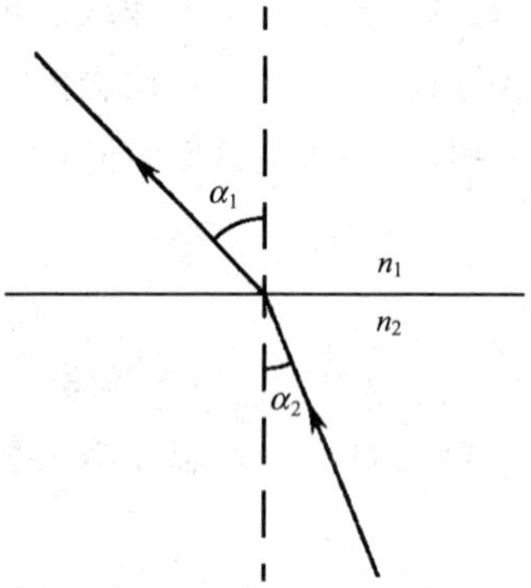

图 2-11　折射定律示意图

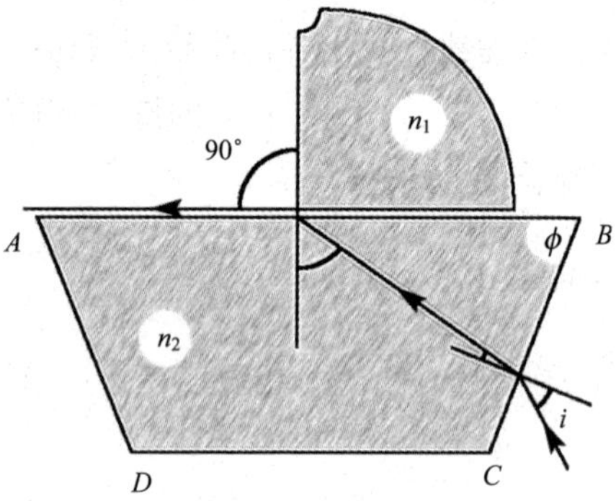

图 2-12　临界角原理示意图

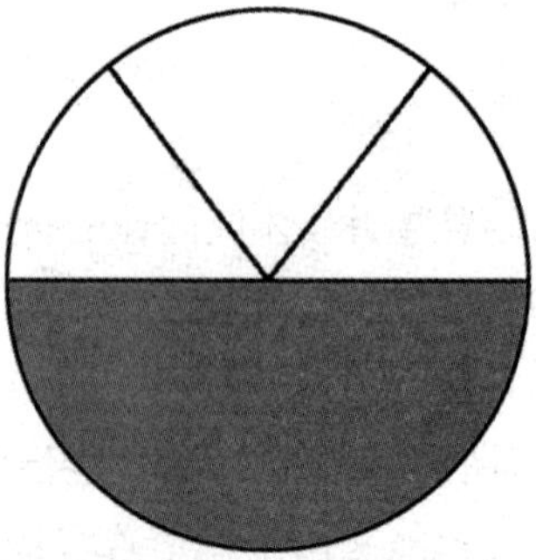

图 2-13　临界角位置

图 2-12 中当不同角度光线射入 AB 面时，其折射角都大于 i。如果用一望远镜对出射光线视察，可以看到望远镜视场被分为明暗两部分，二者之间有明显分界线(图 2-13)明暗分界处即为临界角的位置。

图 2-12 中 $ABCD$ 为一折射棱镜，其折射率为 n_2。AB 面以上是被测物质。

4. 仪器结构

阿贝折光仪的结构如图 2-14 所示。

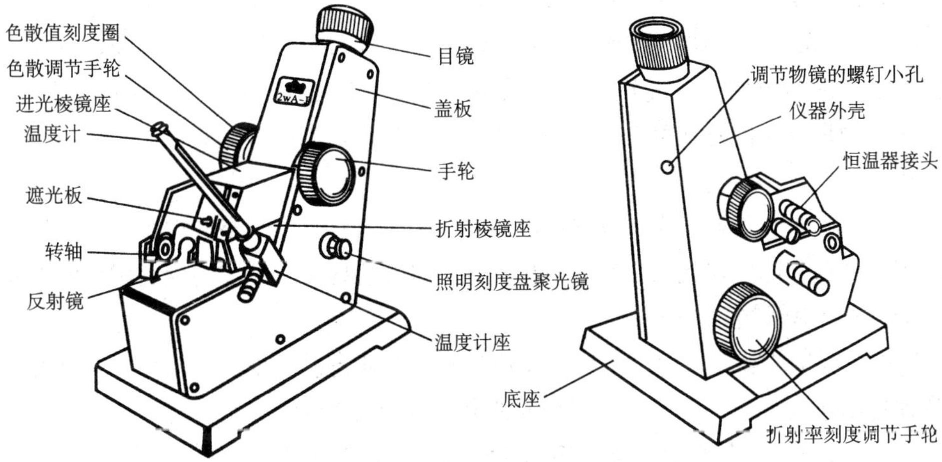

图 2-14　阿贝折光仪结构示意图

5. 使用与操作方法

(1) 准备工作。在开始测定前，必须先用标准试样校对读数。在折射棱镜的抛光面加 1～2 滴溴代萘，再贴上标准试样的抛光面，当读数视场指示于标准试样之值时，观察望远镜内明暗分界线是否在十字线中间，若有偏差则用螺丝刀微量旋转调节物镜的螺钉小孔内的螺钉，带动物镜偏摆，使分界线位移至十字线中心。通过反复地观察与校正，使示值的起始误差降至最小(包括操作者的瞄准误差)。校正完毕后，在以后的测定过程中不允许随意再动此部位。

如果在日常的测量工作中，对所测的折射率示值有怀疑时，可按上述方法用标准试样进行检验是否有起始误差，并进行校正。

每次测定工作之前及进行示值校准时，必须将进光棱镜的毛面、折射棱镜的抛光面及标准试样的抛光面，用无水乙醇与乙醚的 1∶4 混合液和脱脂棉花轻擦干净，以免留有其他物质，影响成像清晰度和测量精度。

(2)测定工作。

(i)测定透明、半透明液体。将被测液体用干净滴管加在折射棱镜表面，并将进光棱镜盖上，用手轮锁紧，要求液层均匀，充满视场，无气泡。打开遮光板，合上反射镜，调节目镜视度，使十字线成像清晰，此时旋转折射率刻度调节手轮并在目镜视场中找到明暗分界线的位置，再旋转色散调节手轮使分界线不带任何彩色，微调折射率刻度调节手轮，使分界线位于十字线的中心，再适当转动照明刻度盘聚光镜，此时目镜视场下方显示的示值即为被测液体的折射率。

(ii)测定透明固体。被测物体上需有一个平整的抛光面。把进光棱镜打开，在折射棱镜的抛光面上加 1～2 滴溴代萘，并将被测物体的抛光面擦干净放上去，使其接触良好，此时便可在目镜视场中寻找分界线，瞄准和读数的操作方法如前所述。

(iii)测定半透明固体。被测半透明固体上也需有一个平整的抛光面。测量时将固体的抛光面用溴代萘粘在折射棱镜上，打开反射镜并调整角度利用反射光束测量，具体操作方法同上。

(iv)测量蔗糖溶液含糖浓度。操作与测量液体折射率相同，此时读数可直接从视场中示值上半部分读出，即为蔗糖溶液含糖浓度的百分数。

(v)测定平均色散值。基本操作方法与测量折射率相同，只是以两个不同方向转动色散调节手轮，使视场中明暗分界线无彩色为止，需记下每次在色散值刻度圈上指示的刻度值 Z，取其平均值，再记下其折射率 n_D。根据折射率 n_D 值，在阿贝折光仪色散表(见本书附表 7)的同一横行中找出 A 和 B 值。再根据 Z 值在表中查出相应的 δ 值。当 $Z > 30$ 时，δ 值取负值；当 $Z < 30$ 时，δ 值取正值。按照所求出的 A、B、δ 值代入色散公式 $n_F - n_C = A + B\delta$ 就可求出平均色散值。

(vi)测量在不同温度时的折射率。将温度计旋入温度计座中，接上恒温器的通水管，把恒温器的温度调节到所需测量温度，接通循环水，待温度稳定 10min 后即可测量。

6. 维护与保养

为了确保仪器的精度，防止损坏，应注意以下要点：

(1)仪器应放置于干燥、空气流通的室内，以免光学零件受潮后生霉。

(2)当测试腐蚀性液体时应及时做好清洗工作(包括光学零件、金属零件以及油漆表面)，防止侵蚀损坏。仪器使用完毕后必须做好清洁工作，放入木箱内，木箱内应存有干燥剂(变色硅胶)以吸收潮气。

(3) 被测试样中不应有硬性杂质，当测试固体试样时，应防止把折射棱镜表面拉毛或产生压痕。

(4) 经常保持仪器清洁，严禁油手或汗手触及光学零件，若光学零件表面有灰尘，可用高级鹿皮或长纤维的脱脂棉轻擦后，再用电吹风吹干。如光学零件表面沾有油垢，应及时用无水乙醇-乙醚 1∶4 混合液擦干净。

(5) 仪器应避免强烈振动或撞击，以防止光学零件损伤而影响精度。

实验五　二组分合金相图的绘制

一、实验目的

(1)掌握用热分析法绘制相图的基本原理和操作步骤。

(2)绘制纯 Bi、纯 Sn 及不同组成 Bi-Sn 合金的步冷曲线，进而绘制 Bi-Sn 合金的相图。

二、实验原理

相图是表达多相平衡系统中强度性质变量(温度、压力、组成)之间关系的示意图，也可以用来讨论系统内的相数与状态等。二组分凝聚系统(固-液系统)相图是在恒压下描述系统的组成、状态和温度之间关系的几何图形。根据相律，条件自由度为

$$f^* = K - \Phi + 1 = 3 - \Phi \tag{2-12}$$

式中，K 为组分数；Φ 为相数。由相律可知该系统在相数 Φ 取最小值 1 时，条件自由度 $f^* = 2$，即系统最多有两个强度性质变量，温度和组成。

热分析法是绘制二组分凝聚系统相图的常用方法之一，适用于两种固态物质熔点差别不太大的凝聚系统相图绘制。热分析法的基本操作过程如下：先配制一系列组成递变的 A、B 纯物质及混合样品，加热使所有样品都熔化为均匀的液相；再将各熔融液放置于一定温度的环境中缓慢冷却，同时记录各样品温度随时间的变化情况，并分别绘制温度-时间图(步冷曲线)；通过各步冷曲线转折点温度(相变温度)和对应的组成关系，可确定出温度-组成图(T-x图)上相应点的位置，多个实验点的绘制及分类连接，最终可形成完整的二组分凝聚系统相图。

本实验是应用热分析法绘制 Bi-Sn 合金的相图。Bi-Sn 合金系统在本实验研究的范围内(Sn 的质量分数在 20%～80%)属于简单低共熔系统，即从熔化液中析出的固体都为纯的金属 Sn 或 Bi，不形成固溶体。

Bi-Sn系统的相变温度可通过热分析法绘制步冷曲线确定。将一系列组成递变(包括纯物质)样品的熔融液均匀冷却，每隔一定时间(如 15s)测定系统的温度，直至系统全部凝固，最后以时间为横坐标，系统温度为纵坐标绘制 T-t 图，即步冷曲线，如图 2-15(a)。

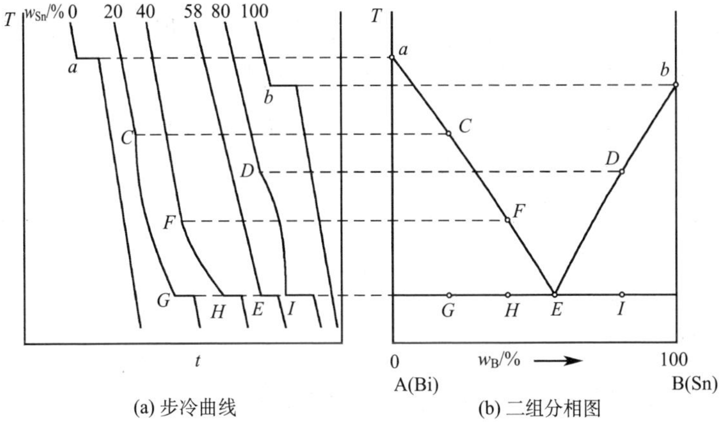

图 2-15　Bi-Sn 系统步冷曲线与相图示意图

步冷曲线上的转折点或水平段所对应的温度即为该系统发生相变时的温度。这是因为系统的热容随温度变化较小，在冷却过程中，若无相变，其温度基本上会均匀下降，得到较为平滑的曲线，不会有明显的转折点或水平段；若发生相变，有固相从熔化液中析出，由于凝固过程系统要放出热量，冷却速度明显变慢，这时会在步冷曲线上出现转折点；当纯物质的熔化液析出固体或混合样品的熔化液同时析出两种固体时，由于系统的自由度为零，温度不再随时间变化，步冷曲线上会出现水平线段。因此，步冷曲线上的转折点或水平段所对应的温度就是系统相变的温度。

根据步冷曲线上转折点温度和对应组成可进一步绘制出 Bi-Sn 二组分系统相图，如图 2-15(b)。

三、仪器与药品

JXL-Ⅱ金属相图实验炉、KWL-09 可控升降温电炉、SWKY-Ⅰ数字控温仪(带热电偶)。

纯 Sn、纯 Bi、含 Sn 分别为 20%、40%、58%、80%的 Bi-Sn 合金。

四、实验步骤

(1) 设定温度。将控制器面板上的拨码开关设定到指定温度。

(2) 加热。通电后，加热灯亮时，顺时针旋转炉体上黑色电压调节旋钮，在最高电压下加热，当温度升到设定温度时，加热灯熄灭，自动停止加热。此时将电压调节旋钮按逆时针方向旋到 0V。注意：若在加热过程中不慎碰到定时键，电炉会停止加热，这时就需要按复位键，让电炉重新加热。

(3) 记录。当温度降至需要记录的温度时(高于设定温度 30℃)，按一次定时键，数码管显示“15s”，即 15s 报时一次，可开始记录温度值。

(4) 当温度降到平台以下，再记录20个数值，停止记录(合金的组分约记录到 120℃)。

五、实验记录

本实验记录数据量较大，同学自行设计原始数据记录表格。

六、数据处理

(1) 根据实验数据，以时间为横坐标，以温度为纵坐标，画出样品的步冷曲线。

(2) 把各个不同组成的样品的步冷曲线中转折点或水平段所对应的温度填在下表。

含 Sn 质量分数	0%	20%	40%	58%	80%	100%
转折点温度/℃						
平台温度/℃						

(3) 以合金中金属 Sn 的百分含量为横坐标，以温度为纵坐标，绘制合金的相图。

七、思考题

(1) 金属熔融体冷却时为什么会产生过冷现象?

(2) 对于本实验所得到的不同组成的步冷曲线，其水平段有什么不同?

(3) 作此类相图还有哪些方法?

【附录】 KWL-09 可控升降温电炉及 SWKY-Ⅰ数字控温仪使用说明

(1) 打开 SWKY-Ⅰ数字控温仪电源开关，将传感器Ⅰ置于加热区内，将样品管放入加热区。设定好控制温度和定时时间(本实验温度已设定好，不用再设定，定时时间为 15s)，将控温仪置于工作状态，工作指示灯亮，此时加热区进行升温并控温。

(2) 当加热区在设定温度附近控温一段时间(约20min，保证样品充分熔化) 后，用坩埚夹将在加热区已加热并充分熔化的样品管置于降温区，并将传感器Ⅱ置于样品管内，进行样品步冷曲线的测定。

(3) 将待加热样品置于加热区，此时加热区温度将下降，当加热温度不再下降时，按控温仪工作 / 置数键，将控温仪置于置数状态，置数指示灯亮。重新进行温度设定，完毕后再按下工作 / 置数键，将控温仪置于工作状态，工作指示灯亮。此时加热区重新进行升温并控温。若控制温度不需要重新设定，也必须进行上述工作—置数—工作的操作，以便仪器内部 CPU 的数据重新初始化，以达到最佳控制效果。

(4) 多样品测试，重复上述过程即可。

(5) 传感器Ⅰ不得置于降温区，以免温度失控。

实验六　差 热 分 析

一、实验目的

(1)掌握差热分析的基本原理和操作方法。

(2)测定样品的差热曲线。

(3)用差热分析法绘制苯甲酸-萘二组分系统的温度-组成(T–w%)图。

二、实验原理

差热分析是在递变控温的条件下，测定样品与参比物质的温差随温度或时间的变化关系。温差随温度的变化曲线称为差热曲线或差热谱，曲线上的峰值对应于物理、化学变化时的温度；峰面积对应于热效应的大小；峰形可表现出反应动力学信息。

绘制二组分固液系统(凝聚系统)相图的实验方法很多，总体可分成两大类：热分析法和溶解度法。前者适用于两种熔点差别不太大的物质组成的系统，如两种固态有机物或两种金属组成的系统；后者则适用于熔点差别较大的物质组成的系统，如水盐系统等。对于热分析法，常用的实验手段可分为步冷曲线法和差热分析法等几种。步冷曲线法是配制组成递变的多个样品，先加热熔化，再恒温缓慢冷却，并记录温度随时间变化关系，作出步冷曲线(T–t 图)，进而作出相图的方法。这种方法样品用量大，数据记录量也很大，操作复杂，而且对非金属易挥发组分的测量精度较差。另一种热分析法是差热分析法，这种方法的优点是样品用量少，操作简便易行，并且具有较高的精确度。本实验就是采用差热分析法进行二组分非金属系统苯甲酸和萘相图的绘制。

纯物质在发生相变时，要吸收或放出热量，在差热分析仪上就会出现特征吸热峰或放热峰，并有对应的相变温度。若在一纯物质中加入另一组分，混合物的熔化温度会下降，并随着样品组成的变化，吸热峰或放热峰的温度也将随之变化。以各组分熔化温度对相应组成作图，即可得到二组分固液系统的相图，如图 2-16 所示。

三、仪器与药品

差热分析仪。

草酸钙(或硫酸铜)(A.R.)、α-Al_2O_3(A.R.)、苯甲酸(A.R.)、萘(A.R.)。

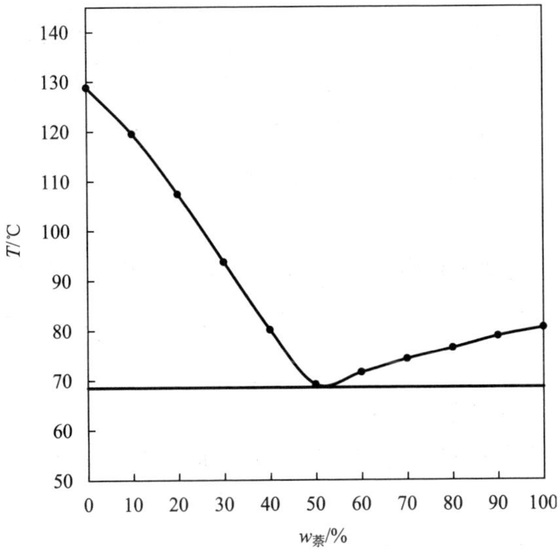

图 2-16　苯甲酸-萘二组分系统相图

四、实验步骤

1. 测定样品的差热曲线

(1) 将草酸钙(或硫酸铜)研细，放入干燥器内干燥 24h 以上。

(2) 打开差热分析仪电源开关，同时启动计算机。

(3) 称取 10mg 左右干燥的草酸钙(或硫酸铜)及 10mg α-Al_2O_3 参比物，分别放入不同的瓷坩埚中。

(4) 安装样品：升起炉子，旋转至右侧，轻轻将装好样品的坩埚分别安装到各自的热偶板上，使坩埚与热偶板平面接触，小心降下炉子，此时一定要注意看样品组件是否居于炉膛中央，不居中则可能将样品杆压断。

(5) 打开计算机中的热分析工作站软件，点击主界面左下方新采集按钮，进入新采集参数设置页面。注意：此时通讯端口指示灯应显示为亮绿色，若指示灯显示为暗绿色，则要检查数据线连接及仪器主机电源的开启状态，并检查计算机设置等。

(6) 实验开始前的参数设定是实验数据采集是否准确的重要工作。在采集参数设置页面要对即将进行样品分析的实验进行数据设定，其中基本实验参数使用默认值，设置升温参数：阶梯升温 1、起始采样温度 30、升温速率 10、终点温度 550、保温时间 0、温度最大值 800。

(7) 设置完成后，点击绘图按钮，系统将自动绘制测量温度与实验预计执行时间的关系曲线。实验数据参数设定完毕后点击确定按钮，系统会自动进入差热曲线采集程序，选好采集数据的存储路径和存储文件名，点击 OK 进入采样页面。这时需要接通冷却水，水流速度无需很大，只要有水流动即可(注意：切不可忘记通冷却水)。

(8) 当温度升至起始采样温度时，数据采集程序开始绘制差热线和温度线。

(9) 采样结束，温度控制程序自动停止。按结束按钮数据采集程序退出采样页面。

(10) 使用工作站软件分析数据。

①点击工作站主界面左上方文件夹图标，系统弹出文件选择对话框。选择要分析的实验数据文件，点击确定，工作站主界面将出现相应实验曲线。点击主界面上方 DTA 图标，进入差热曲线分析界面。

②分别选择差热峰两边曲线平滑处单击，会出现两条垂直于差热基线的引线。点击差热分析界面右下方选定，此时界面上方的分析按钮才可以使用。点击外推温度，提示自动/手动两种选择模式，推荐使用自动模式；再点击峰顶温度，又提示自动/手动两种选择模式，同样推荐使用自动模式，如分析的外推温度和峰顶温度没有问题，点击返回结果，系统返回软件主界面。此时，主界面鼠标旁出现的第一组数据为外推起始温度，移动鼠标至差热曲线中红色标识处单击，即可保留该分析数据；单击鼠标后出现的第二组数据为已经分析过的峰顶温度，移动鼠标至差热曲线中红色标识处单击，即可保留该分析数据；如分析的外推温度和峰顶温度有问题，可改用手动模式，按照外推温度和峰顶温度的定义进行手动分析。

③分别点击主界面上方存储与存储 Report 按钮，对实验数据进行保存。按数据文件格式保存，仅保存系统所采集的数据，文件名后缀 .byj；按图形文件格式保存，可保存分析后的曲线、文字说明及分析数据，文件名后缀.jpg。

④点击分析主界面右方的 Stop 按钮，再点击确定退出系统。

(11) 实验结束，关闭电源，待炉温下降至室温后，再切断冷水水源。

2. 绘制苯甲酸-萘二组分系统相图

(1) 将一定量的苯甲酸和萘分别研细，并分别放入干燥器内干燥 24h 以上。

(2) 配制萘的含量(质量分数)分别为 0%、30%、45%、70%、100%的苯甲酸-萘的混合物样品各 1g，充分研磨混合均匀，并分别装入磨口称量瓶中。

(3) 称取 10mg 左右不同含量的苯甲酸-萘的其中一个混合物样品及 10mg α-Al_2O_3 参比物，分别放入不同的瓷坩埚中，并分别按上述方法安装样品到差热热偶板上。

(4) 开启差热分析仪电源开关，同时启动计算机，打开分析工作站软件，设置升温参数：阶梯升温 1、起始采样温度 30、升温速率 10、终点温度 150、保温时间 0、温度最大值 800。测定样品差热曲线及数据分析方法与前述操作步骤相同。

(5) 加热炉降温至室温，再用相同的方法分别测定其他含量的苯甲酸-萘混合物样品的差热曲线。

(6) 实验结束，关闭电源，待炉温下降至室温后，再切断冷水水源。

五、实验记录

本实验原始数据由计算机自动记录，同学自行设计表格抄录原始数据，或直接从计算机打印原始数据。

六、数据处理

(1) 将样品的相变温度与相对应的百分含量列表。

(2) 依据表中数据作图，横坐标为萘的质量分数，纵坐标为相变温度，此图即为苯甲酸-萘的二组分系统相图。

七、思考题

(1) 用差热分析法能解决什么问题？

(2) 差热分析法与步冷曲线法都属于热分析法，二者有什么不同？

【附录】 PCR-1 差热分析仪

差热分析仪分为四个部分：控温系统、差热系统、测温系统和记录系统。

1. 控温系统

控温系统完成对样品温度的程序控制，包括炉子和温控线路。炉子最高限定温度为 800℃。炉丝为 0.8 康太尔丝，它无感双绕在炉膛外壁的螺纹槽内，外有保温筒横向保温，保温筒由数十层云母纸氧化铝毯子和泡沫氧化铝构成。炉膛有双层盖以减少开口热损失。炉膛与云母纸之间的热电偶保护管中插有温控热电偶，热电偶为铂铑10-铂热电偶。保护管加密封圈安装在托盘上可构成真空密封系统，使样品在真空以及动、静态气氛中测试。

温控线路的作用是将给定值与炉膛的实测温度进行比较，提供偏差信号，将偏差信号放大，PID 调节后，再通过触发电路控制双向可控硅的导通角，即控制炉子的电功率，使炉温向着减小偏差的方向变化，换言之，使炉温跟随给定信号变化。

2. 差热系统

差热系统主要包括样品座组件和差热放大器。炉丝样品座组件由差热电偶、测温热电偶和支承杆等组装而成，其中差热电偶是由两个相同的热电偶反极性串接而成，本仪器采用铂铑10-铂-铂铑10 平板式差热电偶，即将热电偶两种材料之一的铂片加工成哑铃形状，两个圆盘底各焊一根铂铑丝。平板热电偶可以提高差热分析的灵敏度和可重复性。

差热电偶的两个偶板上分别放置盛有样品和参比物的坩埚，用电炉进行加热。参比物在实验温区内无任何吸、放热反应，当样品也无吸、放热反应时，差热电偶的两个偶板之间无温差，差热电偶之输出为零。而当样品在某温度下发生了吸、放热反应时，差热电偶的两个偶板形成温差，差热电偶检测出温差，并输出与温差相对应的电势值，经差热放大器放大。放大信号滤除噪声，输出差热信号送入记录系统。

3. 测温系统

测温热电偶用铂铑 10-铂热电偶，其工作端处于样品的同一水平高度上而略靠近参比物一端，其冷接点接有热电偶冷端补偿器，以补偿热电偶冷端为 t 时比冷端为 0℃时所减少的电势值(mV)。将真空温度信号送入记录系统。

4. 记录系统

记录系统采用计算机，由差热分析软件绘制差热曲线，差热图中有两条线，一条是差热线，另一条是温度线。由差热曲线分析差热峰的数量、差热峰的位置、差热峰的方向及差热峰面积的大小等信息。这里差热峰的位置即差热信号对应的温度是用差热分析软件分析测量的，主要测定的是峰顶温度和外延起始温度(外推温度)。

第 3 章　化学动力学实验

实验七　蔗糖水解反应速率常数的测定

一、实验目的

(1) 了解蔗糖水解反应体系中各物质浓度与旋光度的关系。

(2) 了解旋光仪的基本原理，掌握旋光仪的正确使用方法。

(3) 测定蔗糖水解反应的速率常数和半衰期，明确影响反应速率常数的因素。

二、实验原理

反应速率只与反应物浓度的一次方成正比的反应称为一级反应，其微分速率方程(简称速率方程)表示为

$$-\frac{\mathrm{d}c}{\mathrm{d}t}=kc \tag{3-1}$$

将微分速率方程移项并作定积分可得积分速率方程(也称为动力学方程)

$$\int_{c_0}^{c}-\frac{\mathrm{d}c}{c}=\int_0^t k\mathrm{d}t$$

即

$$\ln\frac{c_0}{c}=kt \tag{3-2}$$

式中，c_0 为反应物的初浓度；c 为 t 时刻反应物的浓度；k 为反应的速率常数。

当 $c=\frac{c_0}{2}$ 时，t 可用 $t_{1/2}$ 表示，称为反应的半衰期，即为反应物总量(浓度)消耗一半所用的时间。由式(3-2)很容易得到一级反应的半衰期为

$$t_{1/2}=\frac{\ln 2}{k}=\frac{0.6931}{k} \tag{3-3}$$

由式(3-3)可以看出，一级反应的半衰期与反应物的初浓度无关。这是一级反应的一个特征。另外，由积分速率方程式(3-2)变形得 $\ln c=\ln c_0-kt$，因此用 $\ln c$ 对 t 作图可得一直线，这是一级反应的另一个特征。由直线的斜率可求得速率常数 k。

蔗糖水解反应为

$$C_{12}H_{22}O_{11}(\text{蔗糖}) + H_2O \xrightarrow{H^+} C_6H_{12}O_6(\text{葡萄糖}) + C_6H_{12}O_6(\text{果糖})$$

在反应温度恒定不变的条件下，此反应的反应速率与蔗糖的浓度、水的浓度以及催化剂 H^+的浓度有关。但反应过程中，由于水是大量的，可视为水的浓度不变，且 H^+是催化剂，其浓度也保持不变，故反应速率只与蔗糖的浓度有关，蔗糖水解反应可看作是一级反应。这种由于某反应物的浓度大过量，在反应过程中可视为常数，而使反应表现为一级的反应称为假一级反应或准一级反应。

本实验中的反应物和产物均具有旋光性，但旋光能力不同，故可用系统在反应过程中旋光度的变化来度量反应的进程，测量旋光度所用的仪器称为旋光仪。溶液旋光度的大小与溶液中所含旋光物质的种类、浓度，以及溶剂性质、溶液厚度、光源波长、温度等均有关系。在其他条件均固定不变时，旋光度与反应组分的浓度具有线性关系

$$\alpha = Kc$$

式中，K 为比例常数，其值与旋光物质的种类、溶剂性质、溶液厚度、光源波长、温度等有关。

在蔗糖水解反应体系中，反应物蔗糖是右旋性物质，比旋光度为 $[\alpha]_D^{20} = 66.6°$；产物中葡萄糖也是右旋性物质，比旋光度为 $[\alpha]_D^{20} = 52.5°$；而果糖则是左旋性物质，比旋光度为 $[\alpha]_D^{20} = -91.9°$。反应体系溶液的旋光度是这三种物质共同作用的结果。随着反应的进行，旋光度数值从一正值开始逐渐减小。当反应进行到某一时刻，溶液的旋光度恰好为零。此后，随着反应的进行旋光度进一步下降为负值。当蔗糖完全转化为葡萄糖和果糖时，旋光度达到绝对值最大的负数，记为 α_∞。

设蔗糖尚未转化 $(t = 0)$ 时，溶液最初的旋光度为

$$\alpha_0 = K_r c_0 \tag{3-4}$$

反应结束后，溶液最终的旋光度为

$$\alpha_\infty = K_p c_0 \tag{3-5}$$

式中，K_r、K_p 分别为反应物与产物的比例常数；c_0 为反应物的初浓度，也是产物的最终浓度。当时间为 t 时，蔗糖的浓度为 c，旋光度为 α_t，于是

$$\alpha_t = K_r c + K_p (c_0 - c) \tag{3-6}$$

式(3-4)−式(3-5)得

$$\alpha_0 - \alpha_\infty = (K_r - K_p)c_0$$

$$c_0 = \frac{\alpha_0 - \alpha_\infty}{K_r - K_p} = K(\alpha_0 - \alpha_\infty) \tag{3-7}$$

式(3-6)–式(3-5)得

$$\alpha_t - \alpha_\infty = (K_r - K_p)c$$

$$c = \frac{\alpha_t - \alpha_\infty}{K_r - K_p} = K(\alpha_t - \alpha_\infty) \tag{3-8}$$

将式(3-7)、式(3-8)代入式(3-2)得

$$\ln\frac{\alpha_0 - \alpha_\infty}{\alpha_t - \alpha_\infty} = kt \tag{3-9}$$

即

$$\ln(\alpha_t - \alpha_\infty) = -kt + \ln(\alpha_0 - \alpha_\infty)$$

可见，用 $\ln(\alpha_t - \alpha_\infty)$ 对 t 作图应为一直线，由直线的斜率可求得速率常数 k。再根据式(3-3)可求出反应的半衰期。

三、仪器与药品

数字式自动旋光仪、旋光管、恒温水浴、电子台秤、100mL 容量瓶、50mL 容量瓶、100mL 烧杯、50mL 烧杯、洗耳球、25mL 移液管、秒表。

蔗糖(A.R.)、盐酸($3.0\text{mol}\cdot\text{L}^{-1}$)。

四、实验步骤

1. 实验前准备

(1) 了解和熟悉数字式自动旋光仪的构造和使用方法(见本实验附录)，并按正确的使用方法将旋光仪开机预热。

(2) 开启恒温水浴的电源开关，并将水浴恒温控制在 60℃。

(3) 配制溶液。

配制 $0.8\text{mol}\cdot\text{L}^{-1}$ 的蔗糖溶液 100mL：用电子台秤称取 27.4g 蔗糖放入烧杯内，加少量蒸馏水溶解后转移到 100mL 容量瓶中，稀释至刻度。

配制 $0.4\text{mol}\cdot\text{L}^{-1}$ 蔗糖溶液 50mL：用移液管取 $0.8\text{mol}\cdot\text{L}^{-1}$ 蔗糖溶液 25mL，加入到 50mL 容量瓶中，稀释至刻度。

配制 $1.5\text{mol}\cdot\text{L}^{-1}$ 盐酸溶液 50mL：用移液管取 $3.0\text{mol}\cdot\text{L}^{-1}$ 盐酸溶液 25mL，加入到 50mL 容量瓶中，稀释至刻度。

2. 测定不同时间、不同浓度溶液的旋光度

(1)旋光仪预热：打开自动旋光仪的电源开关，将光源开关置于交流挡位(向下)预热5min左右。待光源开关扳至直流挡位(向上)时，钠灯不熄灭即为预热完成，此时打开测量按键准备测试。

(2)将旋光仪清零：蒸馏水为非旋光物质，可用它校对仪器的零点。洗净旋光管，由一端加入蒸馏水，至满。管中如有少量气泡，可将气泡导入旋光管粗肚部分，使光路全部充满液体(注意：在光通路中不可有气泡)。用滤纸将管外部擦干，旋光管两端的玻璃片需用镜头纸擦净。打开旋光仪试样室盖，把旋光管放入旋光仪内，轻轻盖上试样室盖，待仪器示数稳定后，按下清零键。

(3) α_t 的测定：用25mL移液管吸取0.8mol · L^{-1}的蔗糖溶液，置于干净的锥形瓶中，再用另一支25mL移液管吸取3.0mol · L^{-1}盐酸向蔗糖溶液中注入。当盐酸溶液流出一半时，开始计时(作为反应开始的时间)。当盐酸全部加入后将反应液混合均匀，迅速用少量的混合液润洗旋光管两次，然后将反应液加入旋光管内，测定 α_t 。依次在计时点至8min、15min、20min、30min时各读取一次旋光度。

(4) α_∞ 的测定：α_∞ 的测定可以将反应液放置48h后，在相同温度下测定溶液的旋光度，即 α_∞ 的值。为了缩短时间，可将剩余的混合液放入60℃的恒温水浴中，加热30min后取出冷却至室温，再装入旋光管测定 α_∞。

(5)改变蔗糖、盐酸浓度测出 α_t 、 α_∞ 。

0.4mol · L^{-1}蔗糖溶液、3.0mol · L^{-1}盐酸按步骤(3)、(4)测其 α_t 及 α_∞ 。

0.8mol · L^{-1}蔗糖溶液、1.5mol · L^{-1}盐酸按步骤(3)、(4)测其 α_t 及 α_∞ 。

五、实验记录

(1) 25mL 0.8mol · L^{-1}蔗糖溶液＋25mL 3.0mol · L^{-1}盐酸。

时间 t/min	8	15	20	30	∞
旋光度 α_t					
$\ln(\alpha_t - \alpha_\infty)$					

(2) 25mL 0.4mol · L^{-1}蔗糖溶液＋25mL 3.0mol · L^{-1}盐酸。

时间 t/min	8	15	20	30	∞
旋光度 α_t					
$\ln(\alpha_t - \alpha_\infty)$					

(3) 25mL 0.8mol · L^{-1} 蔗糖溶液＋25mL 1.5mol · L^{-1} 盐酸。

时间 t/min	8	15	20	30	∞
旋光度 α_t					
$\ln(\alpha_t - \alpha_\infty)$					

六、数据处理

(1) 将同一浓度下所测得的旋光度 α_t 和时间 t 列表，并计算同一浓度下所对应的不同时间的 $\ln(\alpha_t - \alpha_\infty)$ 的值，填入表中。

(2) 改变浓度，同样将 α_t 、时间 t 和 $\ln(\alpha_t - \alpha_\infty)$ 的计算值列表。

(3) 以 $\ln(\alpha_t - \alpha_\infty)$ 对 t 作图，并由直线的斜率求出速率常数 k。

(4) 计算反应的半衰期 $t_{1/2}$ 。

七、思考题

(1) 蔗糖的转化速率和哪些条件有关？

(2) 在混合蔗糖溶液和盐酸溶液时，我们把盐酸加到蔗糖中。如果把蔗糖溶液加到盐酸中，是否对实验有影响？为什么？

(3) 如何证明蔗糖水解反应为一级反应？通过对三次实验结果的对比，说明了什么问题？

【附录】 WZZ-2S 型数字式自动旋光仪

1. 简介

旋光仪是测定物质旋光度的仪器，通过旋光度的测定，分析物质的浓度、含量及纯度等，广泛地应用于制糖、制药、石油、食品、化工等工业部门及有关的高等院校和科研单位。

1) 基本应用原理

众所周知，可见光是一种波长为 380～760nm 的电磁波，由于发光体发光的统计性质，电磁波的电矢量的振动方向可以取垂直于光传播方向上的任意方位，通常称为自然光。利用某些器件(如偏振器)可以使振动方向固定在垂直于光波传播方向的某一方位上，形成所谓平面偏振光，平面偏振光通过某种物质时，偏振光的振动方向会转过一个角度，这种物质称为旋光物质，偏振光所转过的角度称为旋光度。如果平面偏振光通过某种纯的旋光物质，旋光度的大小与下述五个因素有关：

(1) 平面偏振光的波长 λ，波长不同旋光度不一样。

(2) 旋光物质的温度 T，不同的温度旋光度不一样。

(3) 旋光物质的种类，不同的旋光物质有不同的旋光度。

(4) 平面偏振光所经过旋光物质的长度 l，长度不同旋光度也不同。

(5) 旋光管内溶液浓度 c，浓度不同旋光度也不同。

$[\alpha]_\lambda^T$ 表示单位长度的某种旋光物质，温度为 T(℃)时，对波长为 λ 的平面偏振光的旋光度称为比旋光度。

旋光度与前述五个因素都有关，在温度为 T，长度为 l 时，具有比旋光度为 $[\alpha]_\lambda^T$ 的旋光物质对波长为 λ 的平面偏振光的旋光度 α_λ^T 由下式表示

$$\alpha_\lambda^T = [\alpha]_\lambda^T \cdot l \tag{3-10}$$

如果旋光物质溶于某种没有旋光性的溶剂中，浓度为 c，则下式成立

$$\alpha_\lambda^T = [\alpha]_\lambda^T \cdot l \cdot c \tag{3-11}$$

注意：式(3-10)、式(3-11)中，$[\alpha]_\lambda^T$ 与长度 l 的单位必须一致。

若波长一定，在某一标准温度(如 20℃)下，事先已知测试物质的比旋光度 $[\alpha]_\lambda^T$，测试溶液的长度一定，此时若用旋光仪测出旋光度 α_λ^T，则可由式(3-11)计算出溶液中旋光物质的浓度 c

$$c = \frac{\alpha_\lambda^T}{[\alpha]_\lambda^T \cdot l} \tag{3-12}$$

若溶质中除含有旋光物质外还含有非旋光物质，则可由配制溶液的浓度和由式(3-12)求得旋光物质的浓度 c，算出旋光物质的含量或纯度。

2) 温度校正

大多数工业部门对于所需测试的旋光物质，只给出在某一标准温度(如 20℃)时的比旋光度值 $[\alpha]_\lambda^{20}$ 及其容限，但在测试中，由于条件所限，测试温度可能不是 20℃而是 T，此时不能直接应用式(3-12)，通常在一定的温度范围内，旋光度随测试温度变化而变化，并且具有良好的线性关系。即在 T 时旋光度 α_λ^T 与 20℃时比旋光度 $[\alpha]_\lambda^{20}$ 和旋光度温度系数 K 有如下关系

$$\alpha_\lambda^T = [\alpha]_\lambda^{20} \cdot l \cdot c \cdot [1 + K(T - 20)] \tag{3-13}$$

如果要获得准确的结果，又没有条件严格控制测试温度，进行此项温度校正是必要的。若温度系数 K 未知，可以在两个不同的温度 T_1 和 T_2 下对同一样品进行测试，获得旋光度值 $\alpha_\lambda^{T_1}$ 和 $\alpha_\lambda^{T_2}$，由式(3-13)得

$$\frac{\alpha_\lambda^{T_1}}{\alpha_\lambda^{T_2}} = \frac{1 + K(T_1 - 20)}{1 + K(T_2 - 20)} \tag{3-14}$$

由式(3-14)很容易求得温度系数 K。

3) 波长校正

旋光度对使用光波的有效波长的依赖关系是十分强烈的，尽管仪器使用了光谱灯，但是由于不可避免的谱线背景及其他原因，有效波长还是会随所使用光源的不同，或使用时间太久而变化，并会引起明显的测数误差，因此有必要校正有效波长。

校正使用的工具是石英校正管，在标准 589.44nm 波长时，该校正管的比旋光度值为 $[\alpha]_{589.44}^{20}$，若在温度为 T 时，仪器测得该石英校正管的测数 $[\alpha]_{589.44}^{T}$ 为

$$[\alpha]_{589.44}^{T} = [\alpha]_{589.44}^{20}[1 + 0.000144(T - 20)] \tag{3-15}$$

则说明仪器光源的有效波长与 589.44nm 一致。若不一致则须调整在仪器中的校正有效波长的装置以使测数与式(3-15)所得的一致，或在允许范围内。为了提高有效波长的校正精度，需要取旋光度大一些的石英校正管作为校正工具。

2. 仪器的主要技术规格

原理：光学零位原理。

调制器：法拉第磁光调制器。

光源：钠光灯 + 滤色片，波长为 589.44nm。

可测样品最低透过率：1%。

旋光管：100mm、200mm。

电源：交流(220±10)V，(50±1)Hz。

外形尺寸：600mm×320mm×200mm。

净重：30kg。

示数单位：旋光度(°)。

读数：5 位发光二极管数码显示，三位小数，最小读数 0.001°。

测量范围：–45°～+45°。

准确度：±(0.01° +测量值×0.05%)。

读数重复性：标准偏差 σ(样品透过率大于 1%时)≤ 0.002° 。

平衡速度：1° /s。

3. 仪器的使用方法

仪器的正前方示意图如图 3-1 所示。

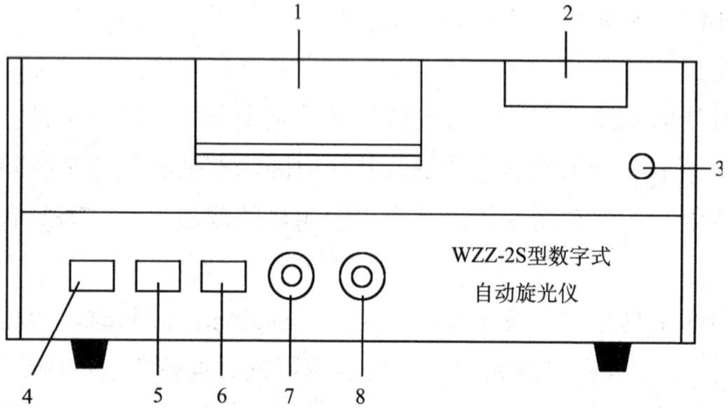

图 3-1　WZZ-2S 型数字式自动旋光仪

1. 试样室；2. 数字显示屏；3. 钠灯指示窗；4. 电源；5. 光源；6. 测量；7. 复测；8. 清零

操作步骤如下：

(1) 安放仪器。该仪器应在正常的照明、室温和湿度条件下使用，防止在高温高湿的条件下使用，避免经常接触腐蚀性气体，否则将影响使用寿命，承放该仪器的基座或工作台应牢固稳定，并基本水平。

(2) 接通电源。将随机所附电源线一端插 220V/50Hz 交流(最好是稳压)电源，另一端插入仪器背后的电源插座中。

(3) 接通电源后，将电源开关按向上，等待 5min 使钠灯发光稳定。

(4) 将光源开关按向上，钠灯在直流供电下仍亮起(参看图 3-1)。

(5) 准备旋光管。

(6) 将测量开关按向上，数码管将出现数字。

(7) 清零(参看图 3-1)。在已准备好的旋光管中注入蒸馏水或待测试样的溶剂放入仪器试样室的试样槽中，按下清零按键，使数码管示数为零。一般情况下如在不加旋光管时该仪器示数为零，放入无旋光度的溶剂后(如蒸馏水)测数也为零，但须注意若在测试光束的通路上有小气泡或旋光管的护片上有油污，不洁物或将旋光管护片旋得过紧而引起附加旋光数，则将会影响空白测数，在有空白测数存在时必须仔细检查上述因素或者将装有溶剂的空白旋光管放入试样槽后再清零。

(8) 测试。除去空白溶剂，注入待测样品(装有试样的旋光管，须注意(7)中所述)将旋光管放入试样室的试样槽中，仪器的伺服系统开始工作，数码管显示所测的旋光度值，等到表示测数稳定的位于符号管上方的红点亮起后再读数。

(9) 复测。按下复测按键取几次测量的平均值作为测量结果。

注意：须待表示示数稳定的红点出现后再进行此操作，否则有可能引起下一次测数的误差。但在测量动态旋光度时(如测定反应过程中的旋光度)，由于旋光度数值随时变化，则无需等待表示稳定的红点出现，也不用进行复测取平均值。

(10) 温度校正。测试前或测试时，测定试样溶液的温度，按(1)、(2)中所述将测得的结果进行温度校正计算。

(11) 测深色样品。当被测样品透过率接近1%时，仪器的示数重复性有所降低，此系正常现象。

(12) RS232 接口。仪器可以用附带的连线同电脑连接(参数：波率 9600；数据位 8 位；停止位 1 位；字节总长 18)。

4. 仪器的维修及保养

(1) 仪器的保养。仪器应安放在干燥的地方，避免经常接触腐蚀性气体，防止受到剧烈的振动。

经过一段时间使用之后由于外界环境的影响，仪器的光学系统表面可能积灰或发霉，影响仪器性能，可用小棒缠上脱脂棉花，蘸少量无水乙醇或乙酸丁酯轻轻揩擦，光学零件一般勿轻易拆卸。光学零件一经拆卸就破坏了原来的光路，必须重新调整，否则仪器性能将受影响甚至无法工作。若因故必须拆卸更换光学零件，应送厂家解决。

(2) 光路的检查。可用外径为 Φ30mm 的一个圆片放入试样槽中测试光束的入口处和出口处，在较暗的室内光线下可以看到测试光束投射到此圆上的光斑，此光斑应呈圆形且与圆片基本同心，如光斑明显不圆，或明显偏离中心则必将影响仪器的性能，应送至厂家处理。

(3) 测数校正。出厂的仪器均已由厂家对测数进行校正，若由于 1-(3) 中所述原因，以及一些其他因素，仪器的测数偏离了正确值，可以用石英校正管或已知旋光度值的标准样品，在仪器上进行测试，考察示数值与标准值是否一致，若测试结果超过允许范围，可进行测数校正。松开测数校正紧定螺钉，左右移动测数校正板可以略微改变仪器的测数，直至仪器测数与石英标准或标准样品的标准值之差在允许范围内为止，再紧固螺钉，如果移动测数校正板仍不能校正测数，须检查其他原因，可能是标准样品的标准值有问题，或者是没有严格控制测数温度。检查上述几个原因后仍未解决测数问题，应送厂家检修。

(4) 更换钠灯。钠灯在使用一段时间后(约几百小时)发光会明显变暗甚至完全熄灭，使仪器不能正常工作，此时应更换钠灯，拆去仪器右侧板上的通风板，拧松夹紧钠灯的电容夹角上的螺钉，即可拔出钠灯进行更换。

(5) 性能调节。通过对该仪器内部各个电位器的调节，可改变仪器的一些性能，如高压调节、钠灯电流调节、增益调节、阻尼调节、相位调节、非线性调节等。

实验八 乙酸乙酯皂化反应速率常数的测定

一、实验目的

(1) 掌握二级反应的特征，学会如何通过实验结果验证反应级数。

(2) 熟悉电导率仪的使用方法，掌握电导率法监测反应进程的原理及操作方法。

(3) 测定乙酸乙酯皂化反应的速率常数及反应活化能。

二、实验原理

反应速率与反应物浓度的二次方成正比的反应称为二级反应。简单级数的二级反应有两种：一种是反应物只有一种，反应通式可记为 $2A \longrightarrow P$(产物)，即反应速率与该反应物浓度的二次方成正比；另一种是反应物有两种，反应通式可记为 $aA + bB \longrightarrow P$(产物)，即反应速率对两种反应物均表现为一级，合在一起为二级反应。对于第二种类型的二级反应，如果 A、B 两物质的反应计量系数相等($a = b$，$A + B \longrightarrow P$)，且初浓度也相同，则反应进行中反应物 A 与 B 的浓度始终相等，因此与第一种类型具有相同的速率方程。

设反应 $A + B \longrightarrow P$ 的反应物 A 和 B 的初浓度均为 c_0，其速率方程为

$$-\frac{\mathrm{d}c}{\mathrm{d}t} = kc^2 \tag{3-16}$$

式中，c 为 t 时刻反应物剩余的物质的量浓度。将速率方程式(3-16)移项积分得

$$\int_{c_0}^{c} -\frac{\mathrm{d}c}{c^2} = \int_0^t k\mathrm{d}t$$

$$\frac{1}{c} - \frac{1}{c_0} = kt \tag{3-17}$$

式中，c_0 为反应物初浓度；c 为 t 时刻反应物浓度；k 为二级反应速率常数；t 为反应时间。由式(3-17)可以看出，以反应物浓度的倒数 $\frac{1}{c}$ 对反应时间 t 作图，可得一直线，直线的斜率即为反应速率常数 k。因此，在反应进行过程中，只要能够测定出各时刻反应物或产物的浓度，即可求得该反应的速率常数。

绝大多数反应的反应速率与温度的关系可用阿伦尼乌斯经验公式表示为

$$\ln k = -\frac{E_a}{RT} + \ln A \tag{3-18}$$

式中，E_a 称为阿伦尼乌斯活化能或反应活化能，简称活化能；A 为指前因子；k 为速率常数。

实验中若测得两个不同温度下的速率常数，由式(3-18)可得

$$\ln\frac{k_2}{k_1}=\frac{E_a}{R}\left(\frac{1}{T_1}-\frac{1}{T_2}\right) \tag{3-19}$$

由此可求得活化能 E_a。

乙酸乙酯的皂化反应是一个典型的二级反应

$$CH_3COOC_2H_5 + NaOH \xrightarrow{H_2O} CH_3COONa + C_2H_5OH$$

$t=0$	c_0	c_0	0	0
$t=t$	c	c	c_0-c	c_0-c
$t=\infty$	0	0	c_0	c_0

设反应物乙酸乙酯与氢氧化钠的起始浓度相同，均为 c_0，则反应的积分速率方程(动力学方程)为

$$\frac{1}{c}-\frac{1}{c_0}=kt \tag{3-20}$$

于是，反应速率常数可表示为

$$k=\frac{1}{tc_0}\cdot\frac{c_0-c}{c} \tag{3-21}$$

由式(3-21)可以看出，c_0 为已知的初浓度，因此只要测出反应进程中任一时刻 t 的反应物浓度 c，就可计算出速率常数 k。通常在反应体系中测定物质浓度的方法有很多，本实验通过测定溶液在反应过程中电导率的变化来监测反应进程，进而测定反应物的浓度变化。

在以水为溶剂的溶液中，电导率除与温度有关外，还与溶质的浓度、离子电荷数和离子迁移率等因素有关。实验中，由于反应物浓度比较低，因此可以认为反应是在稀溶液中进行，CH_3COONa 是完全电离的。同时，在研究的系统中乙酸乙酯和乙醇都不具有明显的导电性，所以它们浓度的改变基本不影响电导率的数值，而反应过程中 Na^+ 的浓度一直不变，因此系统中仅仅是 OH^- 和 CH_3COO^- 对溶液电导率的影响比较大。由于 OH^- 迁移率大约是 CH_3COO^- 的五倍，OH^- 的导电能力比 CH_3COO^- 的导电能力大很多，所以，溶液的电导率随 OH^- 的消耗而逐渐变小，并且电导率的降低与反应混合物中 OH^- 浓度的减小成正比。因此可以用测量溶液电导率的方法来求算速率常数 k。

在其他条件不变的情况下，溶液的电导率变化与溶质浓度的变化成正比。如

以 κ_0 表示时间 $t_0=0$ 时 NaOH 溶液的电导率，κ_t 为时间 $t=t$ 时溶液的电导率，κ_∞ 为时间 $t=t_\infty$(完全反应)时溶液的电导率。那么当时间由 t_0 变化到 t 时，溶液电导率的变化($\kappa_0-\kappa_t$)与溶液浓度的变化(c_0-c)成正比；当时间由 t 变化到 t_∞ 时，溶液电导率的变化($\kappa_t-\kappa_\infty$)则与浓度的变化($c-c_\infty$)成正比。于是

$$\frac{\kappa_0-\kappa_t}{\kappa_t-\kappa_\infty}=\frac{c_0-c}{c-c_\infty} \tag{3-22}$$

热力学计算表明，该反应正向进行的趋势很大，反应比较彻底，因此在反应结束时，NaOH 的浓度 c_∞趋近于零，即 $c_\infty\to 0$，所以式(3-22)可表示为

$$\frac{\kappa_0-\kappa_t}{\kappa_t-\kappa_\infty}=\frac{c_0-c}{c} \tag{3-23}$$

将式(3-23)代入式(3-21)得

$$k=\frac{1}{tc_0}\cdot\frac{\kappa_0-\kappa_t}{\kappa_t-\kappa_\infty} \tag{3-24}$$

整理得

$$\kappa_t=\frac{1}{kc_0}\cdot\frac{\kappa_0-\kappa_t}{t}+\kappa_\infty \tag{3-25}$$

实验中测出 κ_0 及不同 t 时刻所对应的 κ_t，再用 κ_t 对 $\frac{\kappa_0-\kappa_t}{t}$ 作图可得一直线，由直线的斜率可求出速率常数 k。依据式(3-19)，通过改变反应温度可进一步求出反应活化能。

三、仪器与药品

玻璃恒温水浴、数显电导率仪、叉形电导池、100mL 容量瓶、25mL 移液管、1mL 吸量管、100mL 烧杯、秒表。

NaOH 溶液(0.02mol · L^{-1})、乙酸乙酯(A.R.)。

四、实验步骤

(1)调节玻璃恒温水浴的温度为 25℃。

(2)配制 0.02mol · L^{-1} 乙酸乙酯溶液 100mL：用 1mL 吸量管吸取 0.2mL 乙酸乙酯于 100mL 容量瓶内，定容。

(3)熟悉、掌握 DDS-12A 型电导率仪的使用(详见本实验附录)。

(4)NaOH 溶液电导率 κ_0 的测定：在叉形电导池中加入 25mL 蒸馏水及 25mL NaOH 溶液，轻轻塞紧胶塞将电导池反复折倒几次，混合均匀放入恒温水浴内恒

温 10min，测其电导率 κ_0。

(5) 混合溶液电导率 κ_t 的测定：在另一个叉形电导池直支管中加入 25mL NaOH 溶液，侧支管中加入 25mL 乙酸乙酯溶液，轻轻塞紧胶塞，置于恒温水浴内恒温 10min，混合两支管中溶液，同时开始记录反应时间。注意：此后反应溶液要始终置于恒温水浴内。用电导率仪分析测量第 5、10、15、20、25、30min 时的 κ_t 值。

(6) 调节玻璃恒温水浴的温度为 30℃。其他步骤同前，分别测定 κ_0 及 κ_t 值。

(7) 实验结束后，关闭电源，取出电导率仪的电极，洗净后放入蒸馏水中浸泡。

五、实验记录

25℃	κ_0/mS						
	时间 t/min	5	10	15	20	25	30
	κ_t/mS						
	$\frac{\kappa_0-\kappa_t}{t}/(\mathrm{mS\cdot min^{-1}})$						
30℃	κ_0/mS						
	时间 t/min	5	10	15	20	25	30
	κ_t/mS						
	$\frac{\kappa_0-\kappa_t}{t}/(\mathrm{mS\cdot min^{-1}})$						

六、数据处理

(1) 将 κ_t，t，$\dfrac{\kappa_0-\kappa_t}{t}$ 列表，以 κ_t 对 $\dfrac{\kappa_0-\kappa_t}{t}$ 作图。

(2) 由直线斜率分别求出 25℃、30℃的反应速率常数 k。

(3) 由式 $\ln\dfrac{k_2}{k_1}=\dfrac{E_a}{R}\left(\dfrac{1}{T_1}-\dfrac{1}{T_2}\right)$ 计算反应的活化能 E_a。

七、思考题

(1) 如何从实验结果验证乙酸乙酯皂化反应为二级反应？

(2) 讨论：如果 NaOH 和乙酸乙酯的起始浓度不相等，应怎样计算 k 值？实验测定过程中需要改变或增加什么步骤？

【附录】 DDS-12A 型数显电导率仪

1. 结构

DDS-12A 型数显电导率仪如图 3-2 所示。

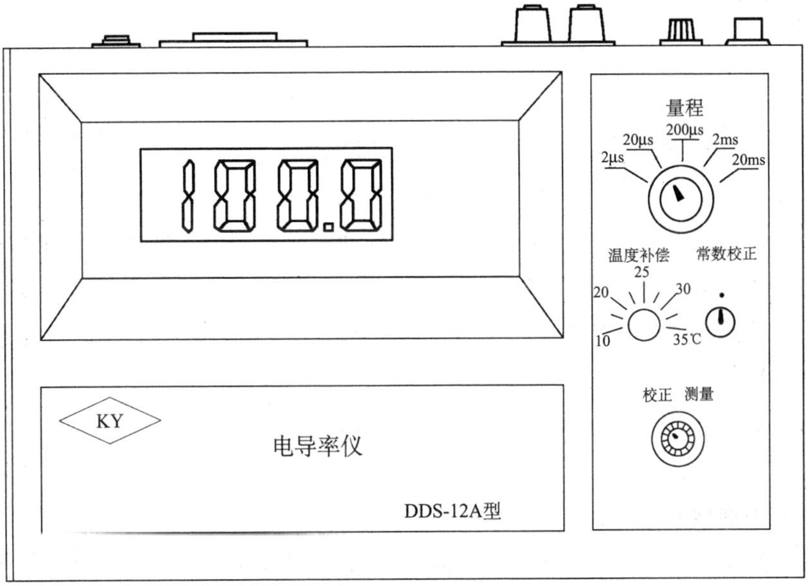

图 3-2　DDS-12A 型数显电导率仪

2. 技术性能

(1) 仪器使用条件：

供电电源：AC220V±10%；50/60Hz。

环境温度：5～35℃，空气相对湿度≤85%。

无显著的振动、强磁场干扰。

(2) 主要技术参数：

测量范围：0～$2\times10^5\mu S\cdot cm^{-1}$。

测量误差：1%ES。

仪器稳定性：0.2%。

温度补偿范围：15～35℃。

记录输出：输出电压范围　0～20mV。

仪器外形尺寸：290mm×190mm×60mm。

仪器总质量：1.5kg。

消耗功率：2W。

可配电极规格常数：0.01、0.1、1、10 四种，该仪器配标准电极($J_0=1$)。

3. 使用和维护

1) 不采用温度补偿(基本法)

同一种规格常数的电极，其实际电导池常数的存在范围是 $J_1=(0.8\sim1.2)J_0$ 。为消除实际存在的偏差，仪器设有常数校正功能。

操作：打开电源开关，将仪器功能开关置校正(基本)挡，温度补偿旋钮置 25℃刻度线，调节常数校正钮，使仪器显示电导池实际常数值。即当 $J_1=0.95J_0$ 时，仪器显示“.950”；$J_1=1.05J_0$ 时，仪器显示“1.050”。电极是否接上，仪器量程开关在何位置，不影响进行常数校正。(新电极出厂时，其 J_1 一般标在电极相应位置上。)

测量：将功能开关置测量挡，电极插入被测液中，仪器显示该被测液的电导率。

2) 采用温度补偿(温度补偿法)

调节温度补偿旋钮，使其指示的温度与溶液温度相同，仪器功能开关置校正(温补)挡，调节常数校正旋钮，使仪器显示电极电导池实际常数值。

测量：将功能开关置测量挡，电极插入被测液中，仪器显示该被测液的标准温度(25℃)时的电导率。

说明：一般情况下，液体电导率是指该液体介质在标准温度(25℃)时的电导率。当介质温度不在 25℃时，其液体电导率会有一个变量。为等效消除这个变量，仪器设置了温度补偿功能。仪器采用温度补偿时，测得的电导率已换算为该液体在 25℃时的电导率值。

该仪器温度补偿系数为每度(℃)2%。所以在作高精密测量时，尽量不采用温度补偿，而采用测量后查表或将被测液等温在 25℃时测量，求得液体介质 25℃时的电导率值。

3) 仪器维护和注意事项

(1) 电极应置于清洁干燥的环境中保存。

(2) 电极在使用和保存过程中，因介质、空气侵蚀等因素的影响，电导池常数会有所变化。电导池常数发生变化后，需重新进行电导池常数测定，仪器应根据新测得的常数重新进行常数校正。

(3) 测量时，为保证样液不被污染，电极应用去离子水(或二次蒸馏水)冲洗干净，并用样液适量冲洗。

(4) 当样液介质电导率小于 $1\mu S \cdot cm^{-1}$ 时，应加测量槽作流动测量。

(5) 选用仪器量程应适当。当仪器显示屏只显示最高位1时为溢出显示。此时选高一挡测量。

实验九　甲基紫褪色反应速率常数的测定

一、实验目的

(1)熟悉 722 光栅分光光度计的原理及使用方法。

(2)用分光光度法测定甲基紫褪色反应的速率常数和反应级数。

二、实验原理

甲基紫(methyl violet)俗称龙胆紫、结晶紫，是一系列氯化对二甲基胺基三苯甲烷类有机化合物的混合物。甲基紫用途广泛，可作为染料、酸碱指示剂、消毒剂使用，也可稀释后用作外用消毒药品，俗称紫药水。

在很稀的水溶液中，甲基紫可完全电离，若以 MCl_m 表示甲基紫的化学式，则甲基紫与强碱溶液的反应可表示为

$$M^{m+} + mOH^- \longrightarrow M(OH)_m$$

该反应是一变色反应，在反应过程中，反应物甲基紫逐渐褪色直至溶液无色。因此，可使用分光光度法监测反应进程，进而计算反应的速率常数和反应级数。根据朗伯-比尔定律，溶液的吸光度 A 与溶液中吸光物质浓度 c 的关系为

$$A = -\lg T = \varepsilon lc \tag{3-26}$$

式中，T 为透光率，它是光通过溶液后的光强 I 与通过蒸馏水后的光强 I_0 的比值；l 为比色皿内径(溶液的厚度)；ε 为摩尔吸光系数。

假定该反应对反应物 M^{m+}和 OH^-的反应级数分别为 n 和 m，则该反应的微分速率方程可表示为(省略离子电荷数)

$$-\frac{dc_M}{dt} = kc_M^n c_{OH}^m \tag{3-27}$$

为简化操作过程和减小实验误差，通常采用准级反应法分别测定各反应物的级数和准级反应的速率常数。方法是在反应系统内，除待测反应物外，其余各反应物都大过量(按计量方程比例至少过量 10 倍以上)。这样，其他反应物的浓度在反应过程中变化很小，近似为常数，在实际测定中与速率常数合并为准级反应的速率常数，反应速率就只与待测反应物的浓度幂成正比，进而可通过实验确定该反应物的反应级数和准级反应的速率常数。本实验中，甲基紫为待测反应物，OH^-为大过量，因此速率方程可简化为

$$-\frac{\mathrm{d}c_{\mathrm{M}}}{\mathrm{d}t}=k_{\mathrm{M}}c_{\mathrm{M}}^{n} \tag{3-28}$$

其中

$$k_{\mathrm{M}}=kc_{\mathrm{OH}}^{m} \tag{3-29}$$

对于准级反应的微分速率方程式(3-28)可讨论如下：

(1)当反应级数 $n=1$ 时，移项积分后，整理得

$$\ln c_{\mathrm{M}}=\ln c_{\mathrm{M},0}-k_{\mathrm{M}}t \tag{3-30}$$

即以反应物浓度的对数 $\ln c_{\mathrm{M}}$ 对反应时间 t 作图应得一直线。若确实具有线性关系，则证明该反应为一级反应，并且可通过直线的斜率计算反应速率常数 k_{M}。

(2)当反应级数 $n\neq 1$ 时，可利用半衰期法确定反应物的级数。因各级反应的半衰期都与初浓度的 $(n-1)$ 次方成反比

$$t_{1/2}=\frac{2^{n-1}-1}{(n-1)k_{\mathrm{M}}c_{\mathrm{M},0}^{n-1}}=\frac{K}{c_{\mathrm{M},0}^{n-1}} \tag{3-31}$$

因此，配制两个不同初浓度 $c_{\mathrm{M},0}$、$c'_{\mathrm{M},0}$ 的反应系统进行实验，分别测得二者的半衰期 $t_{1/2}$、$t'_{1/2}$(吸光度减小到初始值一半所用的时间)，则可通过下式计算出反应级数 n

$$\frac{t_{1/2}}{t'_{1/2}}=\left(\frac{c'_{\mathrm{M},0}}{c_{\mathrm{M},0}}\right)^{n-1} \tag{3-32}$$

进而根据该级数反应的特征线性关系求得准级反应的速率常数。

准级反应的反应级数和速率常数确定后，可通过两个不同初浓度的 $\mathrm{OH^-}$ 溶液作反应系统，分别代入式(3-29)得

$$k_{\mathrm{M},1}=kc_{\mathrm{OH},1}^{m} \tag{3-33}$$

$$k_{\mathrm{M},2}=kc_{\mathrm{OH},2}^{m} \tag{3-34}$$

联立式(3-33)、式(3-34)，可求解 $\mathrm{OH^-}$ 的反应级数 m 和总反应的速率常数 k。

三、仪器与药品

722 光栅分光光度计(带恒温装置)、比色皿、超级恒温水浴、秒表、100mL 容量瓶、50mL 容量瓶、10mL 移液管、250mL 锥形瓶。

甲基紫溶液(0.028～0.030g 溶在 1000mL 蒸馏水中)、NaOH 溶液($0.10\mathrm{mol\cdot L^{-1}}$)。

四、实验步骤

(1)将恒温水浴调节到25℃恒温。

(2)将722光栅分光光度计调节好(详见本实验附录)，并选取波长为590nm。

(3)反应前A_0的测定：用移液管移取10mL的甲基紫溶液至100mL容量瓶中并稀释到刻度，将容量瓶放入25℃恒温水浴中恒温10min。取出容量瓶，先润洗再注入比色皿中，放入分光光度计测定吸光度值。

(4)移取10mL甲基紫溶液到50mL容量瓶中并稀释至刻度，再移取4mL $0.10mol \cdot L^{-1}$ NaOH溶液到另一个50mL容量瓶中并稀释至刻度，同时将两个容量瓶放入25℃恒温水浴中恒温10min。

(5)将两种恒温溶液从容量瓶倒入锥形瓶内混合均匀，同时按动秒表开始计时，用混合液润洗比色皿后将混合液注入比色皿中，放入分光光度计，分别记录第4、7、10、14、17、20、24、27、30min时的吸光度值。

(6)用10mL甲基紫溶液和8mL NaOH溶液重复(4)、(5)步骤实验。

五、实验记录

10mL甲基紫溶液稀释到100mL溶液的吸光度A_0									
10mL甲基紫溶液＋4mL NaOH溶液									
t/min	4	7	10	14	17	20	24	27	30
A									
10mL甲基紫溶液＋8mL NaOH溶液									
t/min	4	7	10	14	17	20	24	27	30
A									

六、数据处理

(1)根据式(3-26)可知，溶液的吸光度A与稀释溶液(100mL)中甲基紫的浓度成正比，同时稀释溶液中甲基紫的浓度又与稀释前甲基紫溶液取样的体积成正比，因此可用吸光度A或稀释前甲基紫溶液的体积V直接代替稀释后甲基紫溶液的浓度c计算或作图。

(2)分别对两次反应作$\ln A$-t图(注意$t = 0$的初始吸光度用A_0值)，应分别得一直线，由此可证明此准级反应为一级反应。通过两条直线的斜率分别求出此准一级反应的速率常数$k_{M,1}$和$k_{M,2}$。

(3) 由式 (3-33) 和式 (3-34) 联立计算 NaOH 的反应级数 m 和总反应的速率常数 k。

七、思考题

(1) 什么是准级反应？准级反应法测定反应级数的原理是什么？

(2) 除本实验采用的准级数法外，测定反应级数还有哪些方法？

【附录】 722 光栅分光光度计

1. 仪器外观

722 光栅分光光度计的外观结构如图 3-3 所示。

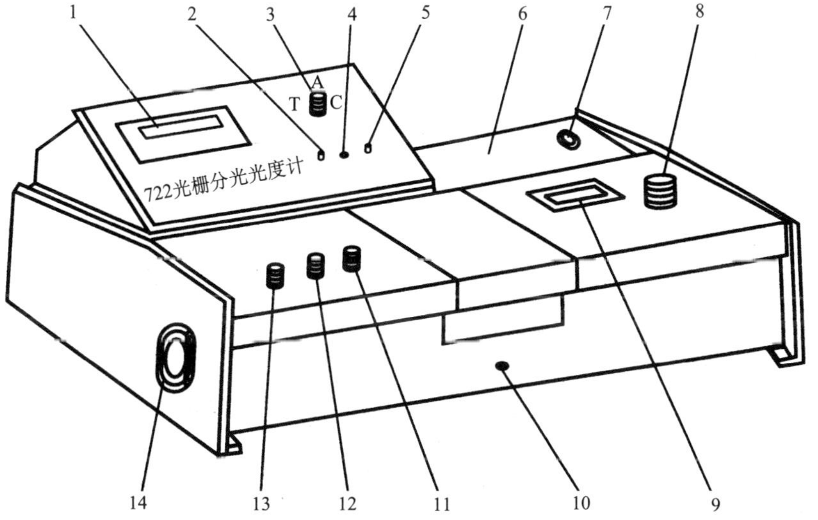

图 3-3　722 光栅分光光度计

1. 数字显示屏；2. 吸光度调零旋钮；3. 挡位选择；4. 调斜率电位器；5. 浓度旋钮；6. 光源室；7. 电源开关；8. 波长手轮；9. 波长刻度窗；10. 样品架拉手；11. 透光率“100%”旋钮；12. 透光率“0”旋钮；13. 灵敏度调节旋钮；14. 干燥器

2. 仪器规格

光学系统：C-T 型单色仪，1200 线/mm 全息光栅。

光源：卤钨灯 (20W / 12V)；波长范围：335～1000nm；波长准确度：±2nm；波长重复性：1nm；光谱带宽：4nm。

光度准确度：±0.5%（T）；光度重复性：0.2%（T）；杂散光：≤0.5%（T）（360nm）。

T-A 转换误差：A≤±0.002（在 A = 0.5 处）；A≤±0.004（在 A = 1 处）。

显示标尺 T：0～199.9%；A：–0.3～2.5；F：0～9999；C：0～9999。

供电电压：220V±10%，50Hz。

外观尺寸：385（W）mm×310（D）mm×190（H）mm。

质量：净重 6.5kg。

3. 工作原理

722 光栅分光光度计由光源、单色器（光栅）、样品池、检测系统、电子放大系统和数字显示系统等几部分组成，其工作原理如图 3-4 所示。

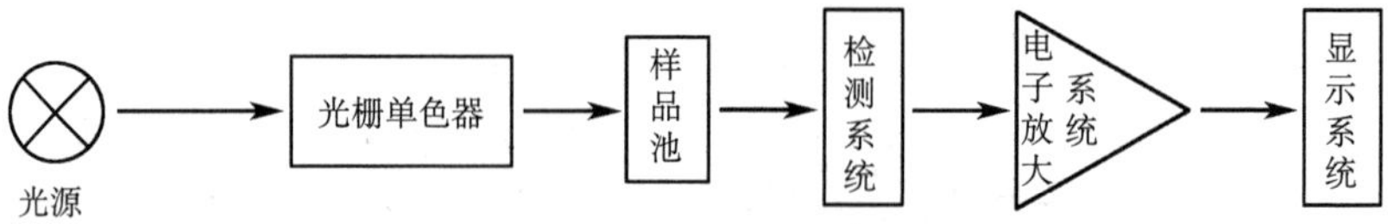

图 3-4　722 光栅分光光度计工作原理示意图

4. 使用方法

（1）使用仪器前，首先了解仪器的结构和工作原理，以及各个操作旋钮的功能。在未接通电源前，对仪器进行检查：电源线是否牢固，接地是否良好，各个旋钮的初始位置是否正确等。使用前应先检查干燥器内的硅胶是否变色失效，如硅胶受潮变成粉红色应烘干再用或更换干燥的蓝色硅胶。如果仪器完好，可接通电源。

（2）将灵敏度旋钮调至 1 挡，此时放大倍率最小。

（3）开启电源开关，指示灯亮，挡位选择开关置于 T，波长调置测试用波长，预热仪器 20min 左右。

（4）打开样品室盖，此时光路会自动关闭。调节透光率 0 旋钮，使数字显示为“00.0”。将装有蒸馏水（或待测溶液的溶剂）的比色皿放在比色皿架的校正位置，并拉动样品架拉手使其对准光路。轻轻盖上样品室盖，此时光路开启，调节透光率 100%旋钮，使数字显示为“100.0”。

（5）如果透光率调不到“100.0”，可适当增加微电流放大器的倍率挡位。改变倍率挡位后，必须按步骤（4）重新调节仪器的透光率 0 和 100%旋钮。经反复调节确认仪器的透光率 0 和 100%后，仪器即可进行测定工作。

(6) 吸光度 A 的测量。将挡位选择开关置于 A，调节吸光度调零旋钮，使数字显示为“00.0”，然后将装有被测样品的比色皿对准光路，此时显示值即为被测样品的吸光度 A。

(7) 浓度 c 的测量：把挡位选择开关置于 C，将已准确标定浓度的样品移入光路，调节浓度旋钮，使显示数字为浓度标定值。再将待测样品对准光路，此时显示值即为被测样品的浓度 c。

(8) 如果在测试过程中，需要大幅度改变测试波长，则须在调整 0 和 100%后稍等片刻(稳定光源的时间)，再重新调整确认 0 和 100%后方可工作。

5. 仪器的维护

(1) 为确保仪器稳定工作，电压波动较大的实验室需预先配备稳压电源(220V±10%，50Hz)。

(2) 当仪器工作不正常时，如数字表无亮光、光源灯不亮、开关指示灯无信号等，应检查仪器后盖保险丝是否损坏，然后查电源线是否接通，再查电路。

(3) 仪器接地要良好。

(4) 仪器左下角的干燥器内的硅胶要定期检查，如有变色应及时烘干或更换。

(5) 每台仪器配套的比色皿，不能与其他仪器的比色皿单个调换。

(6) 仪器停止工作时，应切断电源。

(7) 为避免仪器污损和积灰，在长期停用期间应用仪器套罩住整个仪器，并在套内放置数袋防潮硅胶，以免光源灯受潮、反射镜面发霉等影响仪器性能。

(8) 仪器工作数月或搬动后，要检查光源波长精度和吸光度精度等，以确保仪器的测量精度。

实验十　丙酮碘化反应速率常数的测定

一、实验目的

(1)了解复杂反应的反应机理和特征，熟悉复杂反应表观速率常数的计算方法。

(2)掌握 722 型光栅分光光度计的使用方法。

(3)测定酸催化时丙酮碘化反应的速率常数及活化能。

二、实验原理

不同的化学反应其反应机理是不相同的。按反应机理的复杂程度可以将反应分为基元反应和复杂反应两种类型。由反应物粒子经一步碰撞就直接生成产物的反应称为基元反应。复杂反应是由多个基元反应组合构成的反应，它不是经过简单的一步就能生成最终产物，而是要经历生成一步或多步中间产物之后，最终生成产物。其中，每一步生成中间产物的反应都是一个基元反应。常见的复杂反应有对峙反应(也称可逆反应、对行反应)、平行反应和连续反应等。

丙酮碘化反应是一复杂反应，其反应方程式为

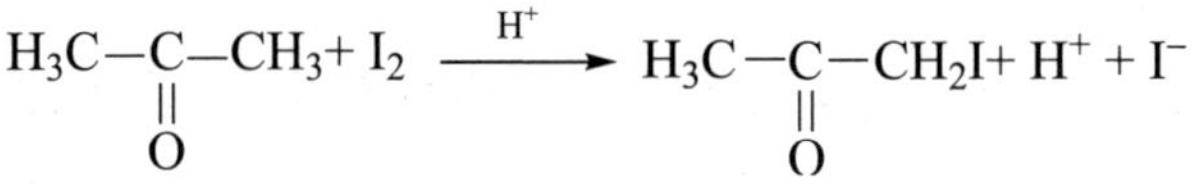

H^+是该反应的催化剂。由于反应本身能生成 H^+，所以这是一个自催化反应。一般认为该反应的机理包括以下两步

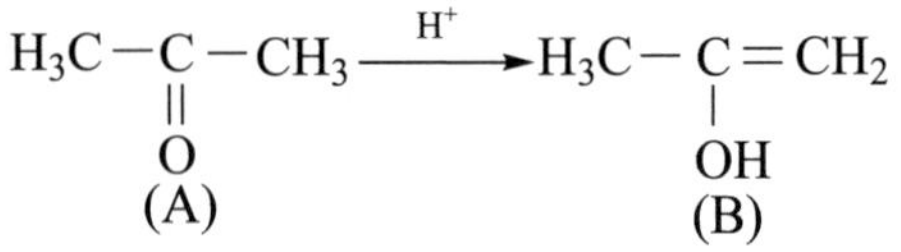
(a)

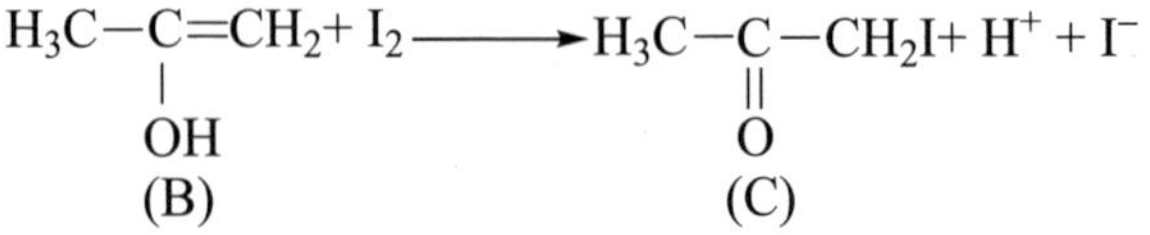
(b)

这是一个连续反应。反应(a)是丙酮的烯醇化反应，它是一个进行得很慢的可逆反应。反应(b)是烯醇的碘化反应，它是一个快速且趋于进行到底的反应。由于反应(a)速率很慢，而反应(b)的速率又很快，因此中间产物烯醇一旦生成就会消耗掉。根据连续反应的特点，该反应的总反应速率由丙酮的烯醇化反应的速率所决定，

丙酮的烯醇化反应的速率取决于丙酮及氢离子的浓度，如果以碘化丙酮浓度的增加来表示丙酮碘化反应的速率，则此反应的速率方程可表示为

$$-\frac{\mathrm{d}c_{\mathrm{A}}}{\mathrm{d}t}=\frac{\mathrm{d}c_{\mathrm{C}}}{\mathrm{d}t}=kc_{\mathrm{A}}c_{\mathrm{H^+}} \tag{3-35}$$

式中，c_{A} 为丙酮的浓度；c_{C} 为产物碘化丙酮的浓度；$c_{\mathrm{H^+}}$ 为氢离子的浓度；k 为丙酮碘化反应总的速率常数。

由反应(b)可知，$\frac{\mathrm{d}c_{\mathrm{C}}}{\mathrm{d}t}=-\frac{\mathrm{d}c_{\mathrm{I_2}}}{\mathrm{d}t}$，如果测得反应过程中各时间碘的浓度，就可以求出 $\frac{\mathrm{d}c_{\mathrm{C}}}{\mathrm{d}t}$。由于碘在可见光区有一个比较宽的吸收带，所以本实验可采用分光光度法来测定不同时刻反应物的浓度。

若在反应过程中，丙酮的浓度为 0.1～0.6mol · $\mathrm{L^{-1}}$，酸的浓度为 0.05～0.5mol · $\mathrm{L^{-1}}$，此时丙酮的浓度远大于碘的浓度，且催化剂酸的浓度也足够大，可视丙酮与酸的浓度为常数。将式(3-35)积分得

$$\int_{c_{\mathrm{C_1}}}^{c_{\mathrm{C_2}}}\mathrm{d}c_{\mathrm{C}}=\int_{t_1}^{t_2}kc_{\mathrm{A}}c_{\mathrm{H^+}}\mathrm{d}t \tag{3-36}$$

$$c_{\mathrm{C_2}}-c_{\mathrm{C_1}}=kc_{\mathrm{A}}c_{\mathrm{H^+}}(t_2-t_1) \tag{3-37}$$

根据朗伯-比尔定律，若指定波长的光通过碘溶液后光强为 I，通过蒸馏水后的光强为 I_0，则透光率 T 可表示为

$$T=\frac{I}{I_0} \tag{3-38}$$

且吸光度 A(透光率 T 的负对数)与碘的浓度关系可表示为

$$A=-\lg T=\varepsilon l c_{\mathrm{I_2}} \tag{3-39}$$

式中，l 为比色皿内径(即溶液的厚度)；ε 为摩尔吸光系数。又因 $\mathrm{d}c_{\mathrm{C}}=-\mathrm{d}c_{\mathrm{I_2}}$，积分得

$$c_{\mathrm{C_2}}-c_{\mathrm{C_1}}=c_{\mathrm{I_{2,1}}}-c_{\mathrm{I_{2,2}}} \tag{3-40}$$

将式(3-39)、式(3-40)代入式(3-37)，整理后得

$$A_1-A_2=kc_{\mathrm{A}}c_{\mathrm{H^+}}\varepsilon l(t_2-t_1) \tag{3-41}$$

即

$$k=\frac{A_1-A_2}{\varepsilon l(t_2-t_1)}\cdot\frac{1}{c_{\mathrm{A}}c_{\mathrm{H^+}}} \tag{3-42}$$

式中，A_1、A_2 分别为反应进行到不同时刻溶液的吸光度；εl 可通过测定一已知浓度的碘溶液的吸光度由式(3-39)求得。当 c_{A} 与 $c_{\mathrm{H^+}}$ 浓度已知时，只要测出不同时

刻反应物的吸光度，就可利用式(3-42)求出丙酮碘化反应的速率常数 k。由两个或两个以上温度的速率常数，可以进一步根据阿伦尼乌斯公式估算反应的活化能

$$E_a = R\frac{T_1T_2}{T_2 - T_1}\ln\frac{k_2}{k_1} \tag{3-43}$$

式中，T_1、T_2 为热力学温度。如果数据较多，也可采用 $\ln k$ 对 $1/T$ 作图，由直线的斜率$(-E_a/R)$求出活化能。

三、仪器与药品

722 光栅分光光度计(带恒温装置)、比色皿、超级恒温水浴、秒表、100mL 容量瓶、50mL 容量瓶、5mL 移液管。

丙酮溶液($3.0\text{mol}\cdot\text{L}^{-1}$)、HCl 溶液($1.0\text{mol}\cdot\text{L}^{-1}$)、$I_2$ 标准溶液($0.01\text{mol}\cdot\text{L}^{-1}$，需准确标定)、实验 I_2 溶液($0.05\text{mol}\cdot\text{L}^{-1}$，需准确标定)。

四、实验步骤

1. 调节温度

将超级恒温水浴的温度调为 25℃。

2. 调整分光光度计

(1)在使用仪器前，认真学习分光光度计的工作原理和使用方法(详见实验九附录)，对仪器进行检查，电源接线应牢固，接地良好，各个调节旋钮的起始位置应正确。然后再接通电源开关。

(2)将灵敏度旋钮调置 1 挡(放大倍率最小)。

(3)开启电源，指示灯亮，挡位选择开关置于 T，波长调到 560nm 的位置上，然后将比色皿架(带有恒温水套)放入样品室中，盖好箱盖，仪器预热 20min。

(4)打开样品室盖(光门自动关闭)，调节 0 旋钮，使数字显示为“00.0”。盖上样品室盖，将装有蒸馏水的比色皿(内径长为 1cm)放到比色皿架上，使之处在光路中。调节透光率 100%旋钮，使数字显示为“100.0”。如果调不到“100.0”，则可适当增加微电流放大器的倍率挡数(但尽可能使用低挡，这样仪器将有更高的稳定性)。改变倍率后，必须重新校正 0 和 100%(校正完 0 和 100%后，不要改变样品室中比色皿架的位置)。

(5)将分光光度计挡位选择开关置于 A 挡上，调节吸光度调零旋钮，使数字显示为“00.0”，准备测量待测样品的吸光度。

3. 求 εl 值

取另一比色皿，注入已知浓度的碘溶液，放到比色皿架上，测其吸光度 A，利用式(3-39)求出 εl 值。

4. 测定丙酮碘化反应的速率常数

在一洗净的 50mL 容量瓶中，用移液管移入 5mL $3\text{mol}\cdot\text{L}^{-1}$ 丙酮溶液，加入少量蒸馏水。取另一洗净的 50mL 容量瓶，用移液管移入 5mL 实验碘溶液，再用另一支移液管移入 5mL HCl 溶液；于 100mL 容量瓶中注入蒸馏水。三瓶各自盖好塞子，一起放入恒温水浴中恒温。待达到恒温后(10min 左右)，将丙酮溶液迅速倒入装盐酸和碘溶液的容量瓶中，并迅速用恒温的蒸馏水洗丙酮瓶三四次，洗涤液倒入混合液瓶中，再用恒温蒸馏水稀释至刻度。此步骤需在恒温水浴中快速进行。取出此容量瓶，摇匀后迅速润洗、装液至比色皿中，用擦镜纸擦干玻璃外壁，放入比色皿架上。以下与步骤 3 相同，测其吸光度 A。每隔 3min 测一次数据，直至 24min 左右。

5. 测反应的活化能

分别升温至 30℃、35℃，测以上各温度恒温反应时的吸光度 A，求反应的活化能。

五、实验记录

I_2 标准溶液 c_{I_2} =______mol · L^{-1}；反应稀释后 c_A =______ mol · L^{-1}；c_{H^+} =______ mol · L^{-1}。

热力学温度/K	I_2 标准溶液吸光度 A	εl 值/(L · mol^{-1})	反应溶液吸光度 A			
298.15			3min	6min	9min	12min
			15min	18min	21min	24min
303.15			3min	6min	9min	12min
			15min	18min	21min	24min

续表

热力学温度/K	I_2标准溶液吸光度 A	εl 值/$(L\cdot mol^{-1})$	反应溶液吸光度 A			
308.15			3min	6min	9min	12min
			15min	18min	21min	24min

六、数据处理

(1) 利用式(3-39)，求出 εl 值。

(2) 由吸光度 A 对时间 t 作图，应得一直线，由直线的斜率 m 求出反应速率常数 k：$k=-\dfrac{m}{\varepsilon l c_A c_{H^+}}$。

(3) 求活化能：以 $\ln k$ 对 $1/T$ 作图，由直线的斜率 b 求出活化能 $E_a=-Rb$。

七、思考题

(1) 动力学实验中，正确计量时间是实验的关键。本实验将反应开始混合到计算反应时间，中间有一段不算很短的操作时间。这对实验有无影响？为什么？

(2) 丙酮的卤化反应是复杂反应，为什么？

实验十一　B-Z 振荡反应

一、 实验目的

(1) 了解 B-Z 振荡反应的基本原理及研究化学振荡反应的基本方法。

(2) 了解自然界中普遍存在的非平衡、非线性变化的现象。

(3) 通过测定电位-时间曲线求得化学振荡反应的表观活化能。

二、实验原理

通常情况下，在均相系统中，化学反应的反应物和产物的浓度呈单调变化，最终达到平衡状态时，各物质浓度不再随时间变化。然而在某些化学反应中，系统会出现非平衡、非线性变化的现象，即系统中的某些组分的浓度会呈现周期性变化，这种现象称为化学振荡。为纪念最早发现并研究此类反应的两位科学家 Belousov 和 Zhabotinsky，人们将可呈现化学振荡现象的含溴酸盐的反应系统称为 Belousov-Zhabotinsky 反应，简称 B-Z 振荡反应。

大量的实验研究表明，化学振荡现象的发生需满足以下三个条件。

(1) 反应系统必须为敞开系统，且远离平衡态。在封闭系统中化学振荡是快速衰减的，而在敞开系统中有可能长期持续振荡。同时，化学振荡只有远离平衡态并具有很大的不可逆程度时才能发生。

(2) 反应历程中必须含有自催化步骤。产物之所以能加速反应变回反应物，原因是自催化效应在起作用，这种自催化作用使产物汇集到一定浓度时，就使逆反应速率以大于正反应速率的方式进行。

(3) 反应系统必须具有双稳态性，即反应可在两个稳态间来回振荡。

有关 B-Z 振荡反应的机理，目前人们普遍接受的是由 R. J. Field、E.Koros 和 R. M. Noyes 三位学者提出的 FKN 机理。例如，在室温(25℃)下发生的下列著名的化学振荡反应

$$2BrO_3^- + 3CH_2(COOH)_2 + 2H^+ \xrightarrow{Ce^{3+},\ Br^-} 2BrCH(COOH)_2 + 3CO_2 + 4H_2O \tag{3-44}$$

FKN 机理认为，在硫酸介质中以铈离子作催化剂的条件下，丙二酸被溴酸盐氧化的过程涉及以下多个反应。

(1) 当上述反应中 Br^- 浓度较大时，BrO_3^- 通过下面几个反应被还原为 Br_2

$$Br^- + BrO_3^- + 2H^+ \xrightarrow{k_1} HBrO_2 + HOBr\ (k_1 = 2.1 L^3 \cdot mol^{-3} \cdot s^{-1}) \tag{3-45}$$

$$Br^- + HBrO_2 + H^+ \xrightarrow{k_2} 2HOBr\ (k_2 = 2\times10^9 L^2 \cdot mol^{-2} \cdot s^{-1}) \tag{3-46}$$

$$Br^- + HOBr + H^+ \xrightarrow{k_3} Br_2 + H_2O\ (k_3 = 8\times10^9 L^2 \cdot mol^{-2} \cdot s^{-1}) \tag{3-47}$$

其中反应(3-45)是控速步骤。上述反应产生的 Br_2 使丙二酸溴化

$$Br_2 + CH_2(COOH)_2 \xrightarrow{k_4} BrCH(COOH)_2 + Br^- + H^+\ (k_4 = 1.3\times10^{-2} mol \cdot L^{-1} \cdot s^{-1}) \tag{3-48}$$

因此，上述四个反应的总结果可表示为丙二酸溴化的总反应

$$2Br^- + BrO_3^- + 3CH_2(COOH)_2 + 3H^+ \longrightarrow 3BrCH(COOH)_2 + 3H_2O \tag{3-49}$$

(2)当反应中的 Br^-浓度较小时，溶液中的下列反应导致了铈离子的氧化

$$2HBrO_2 \xrightarrow{k_5} BrO_3^- + HOBr + H^+\ (k_5 = 4\times10^7 L \cdot mol^{-1} \cdot s^{-1}) \tag{3-50}$$

$$BrO_3^- + HBrO_2 + H^+ \xrightarrow{k_6} 2BrO_2 + H_2O\ (k_6 = 1\times10^4 L^2 \cdot mol^{-2} \cdot s^{-1}) \tag{3-51}$$

$$BrO_2 + Ce^{3+} + H^+ \xrightarrow{k_7} HBrO_2 + Ce^{4+}\ (k_7 = 快速) \tag{3-52}$$

这三个反应的总和可表示为

$$BrO_3^- + 4Ce^{3+} + 5H^+ \longrightarrow HOBr + 4Ce^{4+} + 2H_2O \tag{3-53}$$

该反应是振荡反应发生所必需的自催化反应，其中反应(3-51)是控速步骤。

最后，Br^-可通过下列两步反应得到再生

$$BrCH(COOH)_2 + 4Ce^{4+} + 2H_2O \longrightarrow Br^- + HCOOH + 2CO_2 + 4Ce^{3+} + 5H^+ \tag{3-54}$$

$$HOBr + HCOOH \longrightarrow Br^- + CO_2 + H^+ + H_2O \tag{3-55}$$

这两个反应偶合后的总反应为

$$BrCH(COOH)_2 + 4Ce^{4+} + HOBr + H_2O \longrightarrow 2Br^- + 3CO_2 + 4Ce^{3+} + 6H^+ \tag{3-56}$$

反应式(3-49)、(3-53)和(3-56)总的作用结果组成了反应系统中的一个振荡周期，即得到总反应式(3-44)。必须指出，在总反应中铈离子和溴离子已对消，起到了真正的催化作用。

综上所述，B-Z 振荡反应系统中存在着两个受 Br^-浓度控制的过程(3-49)和(3-53)，即 Br^-浓度起着转向开关的作用，当 $c_{Br^-} > (c_{Br^-})_{临界}$ 时，发生(3-49)过程，而当 $c_{Br^-} < (c_{Br^-})_{临界}$ 时发生(3-53)过程。这样系统就在过程(3-49)和(3-53)间往复振荡，该反应 Br^-的临界浓度为

$$(c_{Br^-})_{临界} = \frac{k_6}{k_2} c_{BrO_3^-} = 5\times10^{-6} c_{BrO_3^-} \tag{3-57}$$

若已知实验的初始 BrO_3^- 的浓度，由式(3-57)可估算 $(c_{Br^-})_{临界}$。

化学振荡系统的振荡现象可通过多种方法观察到，测定、研究 B-Z 振荡反应可采用离子选择性电极法、分光光度法和电化学等方法。本实验采用电化学方法，在不同的温度下测定因 $c_{Ce^{4+}}$ 和 $c_{Ce^{3+}}$ 之比产生的电势随时间变化的曲线(图 3-5)。设从加入硫酸铈到开始振荡的时间为 t_u，称为诱导时间；完成一次反应振荡的时间为 t_z，称为振荡周期。因诱导时间和振荡周期都与反应速率成反比，即 $\frac{1}{t_u}\left(或\frac{1}{t_z}\right) \propto k$，分别从曲线中得到诱导时间($t_u$)和振荡周期($t_z$)，并根据阿伦尼乌斯公式得

$$\ln\frac{1}{t_u\left(或t_z\right)} = -\frac{E_a}{RT} + \ln A \tag{3-58}$$

式中，E_a 为表观活化能；A 为指前因子；T 为热力学温度；R 为摩尔气体常量($8.314\ J\cdot K^{-1}\cdot mol^{-1}$)。分别作 $\ln\frac{1}{t_u}$ - $\frac{1}{T}$ 和 $\ln\frac{1}{t_z}$ - $\frac{1}{T}$ 图，从图 3-5 中直线的斜率可分别求得诱导时间和振荡周期的表观活化能 $E_{a,u}$ 和 $E_{a,z}$。

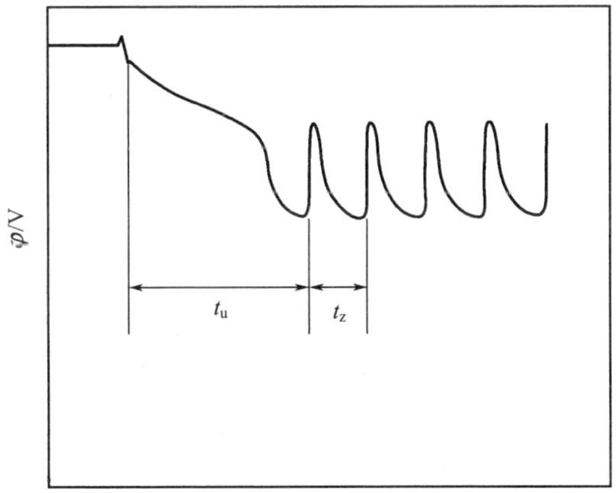

图 3-5　B-Z 振荡曲线

三、仪器与药品

B-Z 振荡实验装置、超级恒温水浴、饱和甘汞电极($1mol\cdot L^{-1}\ H_2SO_4$ 盐桥)、铂丝电极、100mL 容量瓶、10mL 量筒、50mL 量筒、50mL 烧杯、250mL 烧杯、2mL 移液管。

丙二酸溶液($0.45mol\cdot L^{-1}$)、溴酸钾溶液($0.25mol\cdot L^{-1}$)、硫酸溶液($1.00mol\cdot L^{-1}$，$3.00mol\cdot L^{-1}$)、硫酸铈铵溶液($4\times10^{-3}mol\cdot L^{-1}$)。

四、实验步骤

(1)按图 3-6 连接好仪器，按照超级恒温水浴的使用方法将温度控制在 25℃。

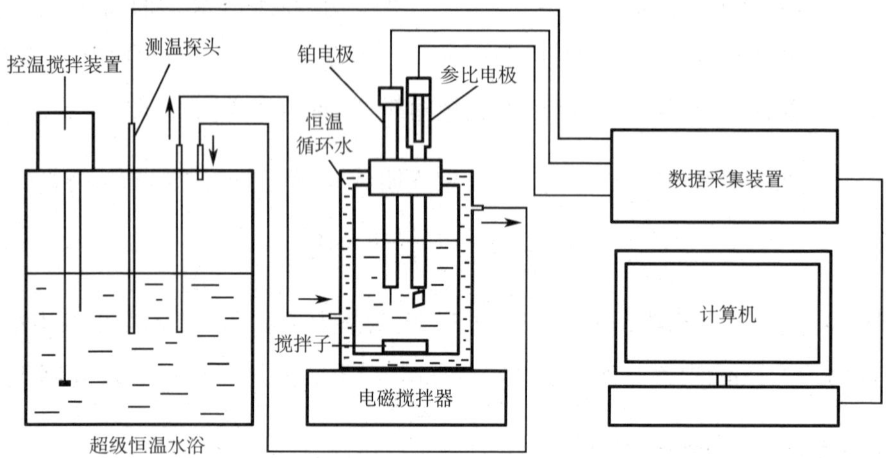

图 3-6　振荡反应装置图

(2)在反应器中加入已配好的 0.45mol · L^{-1} 丙二酸溶液、0.25mol · L^{-1} 溴酸钾溶液、3.00mol · L^{-1} 硫酸溶液各 15mL 进行恒温，同时将 4×10^{-3}mol · L^{-1} 硫酸铈铵溶液(在 0.2mol · L^{-1} 硫酸介质中配制)放入超级恒温水浴中恒温。

(3)确认设备与计算机的通信数据线连接好，打开实验设备开关，再启动计算机，打开 B-Z 振荡反应程序。点击体系温度选项卡切换到数据采集窗口。根据实际情况设置通信模式、实验组数、串行口和坐标系(一般可用默认值)。

(4)将磁力搅拌子放到反应器中，调节电磁搅拌器调速旋钮至合适的速度。在以下实验过程中尽量使搅拌子的位置和转速保持一致。

(5)将电压量程设为 2V(显示为“UL 2V”)，将测试线两端分别插入正、负极插孔短接，按下清零键，以消除系统测量误差。清零后将铂电极接正极，双盐桥甘汞电极接负极。为了防止参比电极中离子对实验的干扰，以及溶液对参比电极的干扰，所用的饱和甘汞电极与溶液之间必须用 1.00mol · L^{-1} 的 H_2SO_4 盐桥隔离。

(6)被测溶液在指定温度下恒温足够长时间(至少 10min)，点击开始与设备通讯，屏幕上会显示电位-时间曲线，此时曲线应为一水平线。大约 60s(或基线平坦)后将预先已恒温的 15mL 硫酸铈铵溶液倒入电解池中，此时曲线显示的电位会发生变化，同时注意观察颜色的变化。经过一段时间的诱导，开始振荡反应，此后的曲线呈现有规律的周期变化。观察图中电势的变化情况，在经过至少4个振荡周期后，点击停止与设备通信，点击菜单文件→保存，以保存反应曲线。

(7)通信停止后，进行数据处理(不要关掉实验结果)。执行数据处理中的计算活化能参数命令进入活化能参数状态(绘图区上有红色文字提示)，根据软件要求把鼠标分别移到诱导时间的起点和终点单击右键，求得诱导时间 t_u。然后再把鼠标分别移到一个中间振荡周期的起点和终点单击右键，求得振荡周期 t_z。执行数据处理→数据映射命令，程序会把B-Z振荡反应诱导时间 t_u、振荡周期 t_z 和系统温度自动填到诱导/振荡表观活化能数据表格中。

(8)用上述方法分别在温度为30℃、35℃、40℃、45℃、50℃的条件下重复进行实验，绘制每个温度下的振荡反应曲线并保存，求出相应温度下反应的诱导时间 t_u 和振荡周期 t_z。

(9)执行数据处理→计算表观活化能命令，作图并计算诱导表观活化能 $E_{a,u}$ 和振荡表观活化能 $E_{a,z}$。

五、实验记录

反应温度/℃	25	30	35	40	45	50
诱导时间 t_u/s						
振荡周期 t_z/s						

六、数据处理

(1)将测定的各温度振荡反应的诱导时间 t_u 和振荡周期 t_z 列表。

(2)根据计算结果分别作 $\ln\frac{1}{t_u}$-$\frac{1}{T}$ 和 $\ln\frac{1}{t_z}$-$\frac{1}{T}$ 图。

(3)根据图中直线的斜率分别求出诱导表观活化能 $E_{a,u}$ 和振荡表观活化能 $E_{a,z}$。

七、思考题

(1)B-Z振荡反应的基本特征及本质有哪些？

(2)影响诱导时间和振荡周期的主要因素有哪些？

第 4 章　电化学实验

实验十二　电动势与温度关系的测定

一、实验目的

(1)熟悉可逆电池、可逆电极、盐桥等概念，掌握对消法测定电池电动势的原理和方法。

(2)学会通过电化学理论计算化学反应热力学函数的方法。

(3)测定不同温度下电池的电动势值，并计算电池反应中的各热力学函数。

二、实验原理

电池由正、负两极组成。电池在放电过程中，正极发生还原反应，负极发生氧化反应，电池内部还可能发生其他变化(如离子迁移等)。电池反应是电池中所有反应的总和。而电池内各相界面上的电势差的代数和为电池的电动势。

可逆电池是指电池的化学变化、能量转换以及电池在工作时所伴随的其他过程(如离子的迁移等)都必须是可逆的。而测定一个可逆电池的电动势，必须在可逆的条件下进行，即通过电池的电流为无限小，电极反应在接近平衡的条件下进行，否则将不是可逆电池。为此，需在外电路上加一个方向相反但电动势相等的电池来对抗待测电池的电动势，使电路中几乎无电流通过，这样测量出的电压数值才等于电池的电动势，这就是对消法(或称为补偿法)测可逆电池电动势的基本原理。如图 4-1 所示。AB 为均匀电阻线，工作电池 E_w 经 AB 构成一个通路，在 AB 上可产生一个均匀的电势降；C 为滑动接头，K 为双向电键，E_s 为标准电池，E_x 为待测电池，G 为检流计。测定时，将电键 K 先与 E_s 相连，移动滑动接头 C，直至检流计中无电流通过时为止，此时 AC 段所代表的电势差数值与 E_s 相等，而电流方向相反，因此可完全抵消。再将电键 K 与 E_x 相连，移动滑动接头至 C′点时，检流计中无电流通过。此时 AC′段所代表的电势差数值与 E_x 值恰好相等而方向相反。由于电势差与电阻线的长度成正比，因此可得 E_x / E_s = AC′/AC，所以 $E_x = E_s \cdot$ AC′/AC，因此可直接求得 E_x 的值。

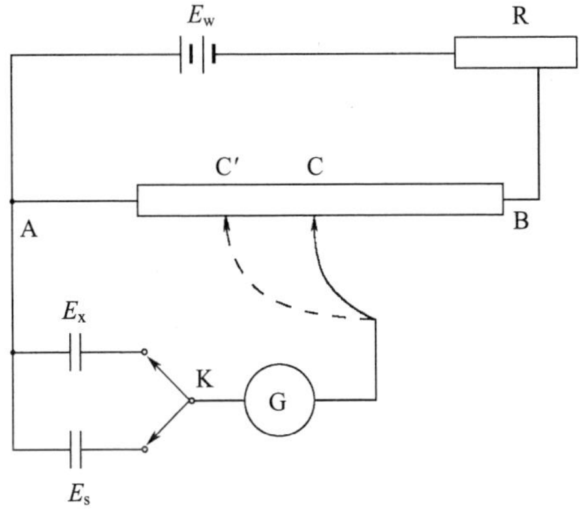

图 4-1　对消法测电动势示意图

电池除了可用作电源外，还可用来研究构成此电池的化学反应的热力学性质。从化学热力学知道，在恒温恒压可逆条件下，电池反应的吉布斯自由能的改变为

$$(\Delta_r G)_{T,p} = -zFE \tag{4-1}$$

式中，E 为可逆电池的电动势，单位是 V；z 为电池输出元电荷的物质的量，单位为 mol；F 为法拉第常量，$F = 96485$（或近似为 96500）$C \cdot mol^{-1}$，表示 1mol 电子的总电量。

式(4-1)只有在恒温恒压可逆条件下才能成立，这就首先要求电池反应本身是可逆的，既要求电池的电极反应是可逆的，也不能存在任何不可逆的液体接界电势。另外，电池还必须在可逆的情况下工作，即放电和充电过程必须发生在接近平衡的状态下，所通过的电流必须十分微小。

化学反应的热效应可以用热化学方法测量（直接用量热计测量），也可以用电化学的方法测量。将化学反应设计成可逆电池，在一定条件下，电池的电动势可以准确测量，因此用电化学方法所测得的数据比热化学方法更可靠。

利用对消法可以测定电池的电动势 E，计算出相应的电池反应的吉布斯自由能改变值 $\Delta_r G$，进而还可计算可逆电池反应的其他热力学数据。

根据热力学导出关系式

$$\left(\frac{\partial G}{\partial T}\right)_p = -S \tag{4-2}$$

应用于化学反应得

$$\left(\frac{\partial \Delta_r G}{\partial T}\right)_p = -\Delta_r S = \frac{\Delta_r G - \Delta_r H}{T} \tag{4-3}$$

式中，$\Delta_r H$、$\Delta_r S$、$\Delta_r G$ 分别为可逆电池中的化学反应在指定 T，p 条件下进行时的反应焓、反应熵和反应吉布斯自由能的变化值。将式(4-1)代入式(4-3)，并整理得

$$\Delta_r H = -zFE + zFT\left(\frac{\partial E}{\partial T}\right)_p \tag{4-4}$$

$$\Delta_r S = zF\left(\frac{\partial E}{\partial T}\right)_p \tag{4-5}$$

式中，$\left(\frac{\partial E}{\partial T}\right)_p$ 称为电池电动势的温度系数，它是恒压下电池电动势随温度的变化率。

因此，将化学反应设计成一个可逆电池，在恒定的温度和压力下，测量电池的电动势，代入式(4-1)，即可得到该温度下的反应吉布斯自由能变化值 $\Delta_r G$。连续测定多个温度下该可逆电池的电动势，将电池的电动势对温度作图，由曲线上各点切线的斜率可以计算出相应温度下的温度系数 $\left(\frac{\partial E}{\partial T}\right)_p$ 值，将此值代入式(4-4)和式(4-5)，即可求得该反应在指定温度下的热力学函数 $\Delta_r H$ 和 $\Delta_r S$。

本实验的化学反应式为

$$Zn(s) + 2[Fe(CN)_6]^{3-}(0.1\ mol\cdot L^{-1}) \rightleftharpoons 2[Fe(CN)_6]^{4-}(0.1\ mol\cdot L^{-1}) + Zn^{2+}(1.0mol\cdot L^{-1})$$

为求此反应的热力学函数，可将该反应设计成可逆的电池

$$Zn \mid Zn^{2+}(1.0mol\cdot L^{-1}) \parallel [Fe(CN)_6]^{3-}(0.1mol\cdot L^{-1}),\ [Fe(CN)_6]^{4-}(0.1mol\cdot L^{-1}) \mid Pt$$

由此可根据不同温度下的电动势数据计算该反应的热力学函数。

为消除液体的接界电势，此电池需加盐桥，可以近似地当作可逆电池来处理。所谓盐桥，是指一种用正负离子迁移率比较接近的盐类物质填充所构成的导电桥，用来连接原来产生显著液体接界电势的两种液体，使彼此不直接接触。常用的盐桥是饱和 KCl 盐桥，也可用 NH_4NO_3 或 KNO_3 盐桥。关于盐桥可参见本实验附录二。

三、仪器与药品

玻璃恒温水浴、数字电位差综合测试仪、氮气钢瓶及减压阀、氧气袋、铂电极、锌电极、电极电解池、20mL 移液管、10mL 移液管、饱和 KCl 盐桥。

$K_3[Fe(CN)_6]$溶液($0.2mol \cdot L^{-1}$)、$K_4Fe(CN)_6$溶液($0.2mol \cdot L^{-1}$)、$ZnCl_2$溶液($1.0mol \cdot L^{-1}$)。

四、实验步骤

1. 电极处理

(1) 锌电极的处理：用细砂纸轻轻把锌电极擦亮，再用蒸馏水冲洗后，用滤纸擦干待用。

(2) 铂电极的处理：把铂电极用蒸馏水冲洗几次，并用滤纸擦干待用。

2. 组装电池

电池装置如图 4-2 所示。先取两个电极电解池，用乳胶管将电解池和盐桥分别连接上，构成一个 U 形管。移取 $1.0mol \cdot L^{-1}$ $ZnCl_2$溶液 20mL，注入管的一侧；移取 $0.2mol \cdot L^{-1}$ $K_3[Fe(CN)_6]$溶液和 $0.2mol \cdot L^{-1}$ $K_4[Fe(CN)_6]$溶液各 10mL，注入管的另一侧，并分别将处理好的锌电极和铂电极插入 U 形管电解池的相应两侧（锌电极插入 $ZnCl_2$溶液中，铂电极插入混合溶液中）。在电解池侧面注入少量水形成液封，再将通氮气的导气管分别插入两侧的溶液中，然后通氮气 5min。

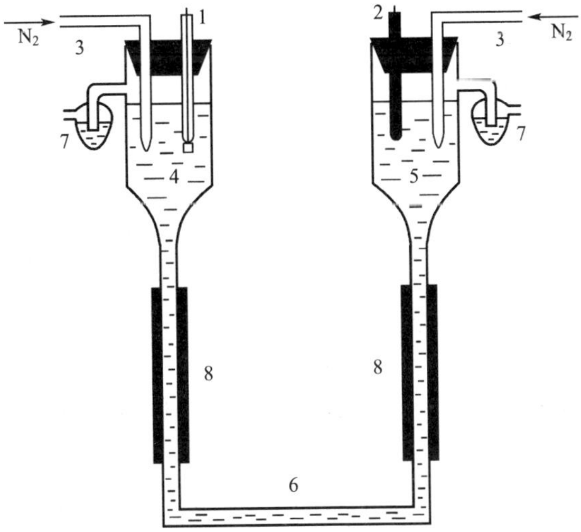

图 4-2　电池装置图

1. 铂电极；2. 锌电极；3. 导气管；4. $K_3[Fe(CN)_6]+K_4[Fe(CN)_6]$溶液；5. $ZnCl_2$溶液；6. 盐桥；7. 液封；8. 乳胶管

3. 电动势的测定

(1)将恒温水浴恒温至 25℃。将连接好的电池放入恒温水浴中，两电极分别与电位差计的两个测量柱相连(锌电极接负极，铂电极接正极)。

(2)打开数字电位差综合测试仪(使用方法详见本实验附录一)，预热 15min。将测量选择旋钮置于内标，将 10^0 位旋负载置于 1，补偿旋钮逆时针旋到底，其他旋钮均置于 0，此时，电位指示显示“1.00000” V。待检零指示显示数值稳定后，按一下采零键，此时，检零指示应显示“0000”。

(3)待原电池在恒温水浴中恒温 10min 后，将电位差综合测试仪测量选择置于测量。调节 10^0～10^{-4} 五个旋钮，使检零指示显示数值为负且绝对值最小。调节补偿旋钮，使检零指示显示为“0000”，此时，电位显示数值即为 25℃时此原电池的电动势。

(4)用同样的方法，将恒温水浴温度分别调整到30℃、35℃和40℃，恒温 10min 后，测定电池的电动势，每个温度下测定两个数据，取平均值。

注意：在整个实验过程中，电极插入溶液后，要立刻通入氮气保护电极。在测定电动势时，必须使电位差计右边的检零指示始终为零，此法为对消法，此条件是保证电池为可逆电池的重要条件之一。

五、实验记录

热力学温度 T/K		298.15	303.15	308.15	313.15
电动势 E/V	1				
	2				
	平均值				

六、数据处理

(1)将所测得的不同温度下的电动势 E 及平均值与热力学温度 T 列表，并作 E-T 图。

(2)在 E-T 图的曲线上取不同温度点求出电动势的温度系数 $\left(\frac{\partial E}{\partial T}\right)_p$ 值。$\left(\frac{\partial E}{\partial T}\right)_p$ 值是通过作曲线的切线，由切线的斜率求得。

(3)将不同温度下的电动势 E 和电动势的温度系数 $\left(\frac{\partial E}{\partial T}\right)_p$ 的数值代入式

(4-1)、式(4-4)和式(4-5)，计算在 25℃、30℃、35℃和 40℃时的 $\Delta_r G$、$\Delta_r H$ 和 $\Delta_r S$ 的数值。

T/K	298.15	303.15	308.15	313.15
E/V				
$\left(\frac{\partial E}{\partial T}\right)_p$ /(V·K^{-1})				
$\Delta_r G$/J				
$\Delta_r H$/J				
$\Delta_r S$/J				

七、思考题

(1) 测电动势为何要用对消法？对消法的原理是什么？

(2) 为什么要在原电池中通入 N_2？它的作用是什么？

(3) 为何电位差计的检零指示要调至零？若不为零说明什么？

【附录一】 SDC 数字电位差综合测试仪

1. 特点

一体设计：将 UJ 系列电位差计、光电检流计、标准电池等集成一体，体积小，重量轻，便于携带。

数字显示：电位差值六位显示，数值直观清晰、准确可靠。

内外基准：既可使用内部基准进行测量，又可外接标准电池作基准进行测量，使用方便灵活。

误差较小：保留电位差计测量功能，真实体现电位差计对比检测误差微小的优势。

性能可靠：电路采用对称漂移抵消原理，克服了元器件的温漂和时漂，提高测量的准确度。

2. 技术指标和使用条件

1) 技术指标

测量范围：0～±5V。

测量分辨率：10μV(六位显示)。

线性误差：内标 0.05%F.S；外标以外电池精度为准。

外形尺寸：380mm×170mm×225mm。

总质量：约 2kg。

2) 使用条件

电源：AC220V±10%；50Hz。

环境：温度-10～40℃；湿度≤85%。

3. 外观结构

仪器的外观结构如图 4-3 所示。

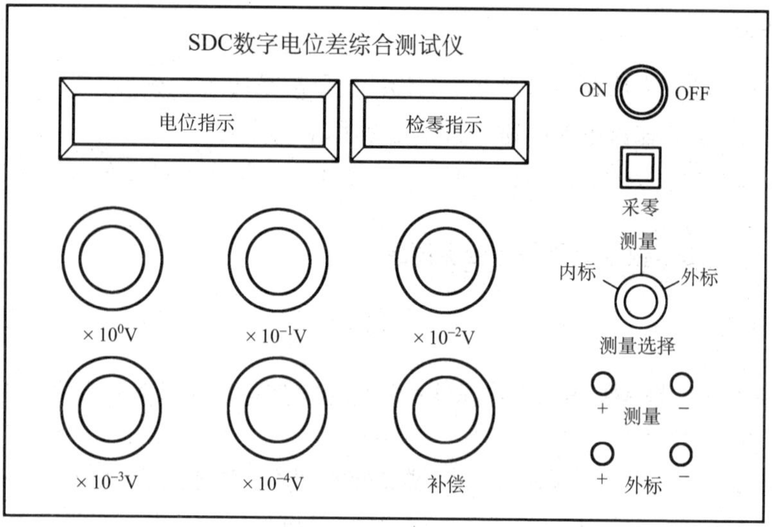

图 4-3　SDC 数字电位差综合测试仪外观结构示意图

4. 使用方法

1) 开机

用电源线将仪表后面板的电源插座与交流 220V 电源连接，打开电源开关(ON)，预热 15min。

2) 以内标为基准进行测量

(1) 校验。

(i) 用测试线将被测电动势按＋、－极性与测量插孔连接。

(ii) 将测量选择旋钮置于内标。

(iii) 将 10^0 位旋负载置于 1，补偿旋钮逆时针旋到底，其他旋钮均置于 0，此时，电位指示显示“1.00000” V。

(iv) 待检零指示显示数值稳定后，按一下采零键，此时，检零指示应显示“0000”。

(2) 测量。

(i) 将测量选择置于测量。

(ii) 调节 10^0～10^{-4} 五个旋钮，使检零指示显示数值为负且绝对值最小。

(iii) 调节补偿旋钮，使检零指示显示为“0000”，此时，电位显示数值即为被测电动势的值。

注意：测量过程中，若检零指示显示溢出符号“OU.L”，说明电位指示显示的数值与被测电动势值相差过大。

3) 以外标为基准进行测量

(1) 校验。

(i) 将已知电动势的标准电池按＋、－极性与外标插孔连接。

(ii) 将测量选择旋钮置于外标。

(iii) 调节 10^0～10^{-4} 五个旋钮和补偿旋钮，使电位指示显示的数值与外标电池的电动势数值相同。

(iv) 待检零指示显示数值稳定后，按一下采零键，此时，检零指示显示为“0000”。

(2) 测量。

(i) 拔出外标插孔的测试线。再用测试线将被测电动势按＋、－极性接入测量插孔。

(ii) 将测量选择置于测量。

(iii) 调节 10^0～10^{-4} 五个旋钮，使检零指示显示数值为负且绝对值最小。

(iv) 调节补偿旋钮，使检零指示显示为“0000”，此时，电位显示数值即为被测电动势的值。

4) 关机

首先关闭电源开关(OFF)，然后拔下电源线。

5. 维护注意事项

(1) 置于通风、干燥、无腐蚀性气体的场合。

(2) 不宜放置在高温环境，避免靠近发热源如电暖气或炉子等。

(3)为了保证仪表工作正常，没有专门检测设备的单位和个人，请勿打开机盖进行检修，更不允许调整和更换元件，否则将无法保证仪表测量的准确度。

(4)若波段开关旋钮松动或旋钮指示错位，可撬开旋钮盖，用备用扳手对准槽口拧紧即可。

【附录二】 盐桥

可用许多方法降低液体的接界电势，但至今尚无理想的方法完全消除。较好而且使用方便的一种方法为盐桥法。

最常用的是3%琼脂-饱和KCl盐桥。其制作方法如下：将盛有3g琼脂和97mL蒸馏水的烧瓶放在水浴中加热(切忌直接加热)，直到完全溶解。然后加30g KCl，充分搅拌。KCl完全溶解后，趁热用滴管或虹吸管将此溶液装入事先弯好的玻璃管，静置，待琼脂凝结后便可使用。多余的琼脂-KCl用磨口瓶塞盖好，用时可重新在水浴上加热。

所用的KCl和琼脂的质量要好，避免沾污溶液。最好选择凝固时呈白色的琼脂。

高浓度的酸、氨都会与琼脂作用，破坏盐桥，沾污溶液。遇到这种情况时，不能采用琼脂-KCl盐桥。

琼脂-KCl盐桥也不能用于含有Ag^+、Hg^{2+}等与Cl^-作用的离子或含有ClO_4^-等与K^+作用的物质的溶液。遇到这种情况，应换其他电解质所配制的盐桥。

有人建议，对于含有与Cl^-作用的离子的溶液，用Hg-Hg_2SO_4-饱和K_2SO_4电极和3%琼脂-$1mol \cdot L^{-1}$ K_2SO_4的盐桥。对于含有浓度大于$1mol \cdot L^{-1}$的ClO_4^-的溶液，则可用汞-甘汞-饱和NaCl或LiCl电极，及3%琼脂-$1mol \cdot L^{-1}$ NaCl或LiCl盐桥。

也可用NH_4NO_3或KNO_3盐桥。优点是正、负离子的迁移数较接近，缺点是与通常的各种电极无共同离子，因而在共同使用时会改变参考电极的浓度和引入外来离子，从而可能改变参考电极的电势。

实验十三　电势-pH 曲线的测定

一、实验目的

(1) 掌握电势-pH 曲线的测定原理和 pH 计的使用方法。

(2) 测定 Fe^{3+}/Fe^{2+}-EDTA 系统的电势-pH 曲线。

二、实验原理

标准电极电势是氧化还原反应体系的重要概念，被广泛用于各类定性比较与定量计算。在某些有 H^+或 OH^-参与的反应体系中，电对的电极电势不仅与溶液中的离子浓度有关，同时还与溶液的 pH 有关。因此，在研究这类反应体系时，有必要讨论电极电势与 pH 的变化关系。在一定浓度的溶液中，改变其酸碱度，同时测定电势与溶液 pH，再以电极电势对 pH 作图，可得出系统的电势随 pH 的变化曲线，称为电势-pH 图。

根据化学反应和电化学反应系统中反应物和产物的种类不同，电势-pH 图有以下几种类型。

(1) 没有发生电子转移的反应，在电势-pH 图上表现为垂直线。

(2) 有电子转移的反应，但反应与 pH 无关，在电势-pH 图上表现为与 pH 轴平行的直线。

(3) 有电子转移的反应，且反应与 pH 有关，在电势-pH 图上表现为斜线。

总之，系统所有可能发生的重要反应的平衡关系都可以画在一张电势-pH 图上，这些线段把整个图划分成几个区，每个区代表某种组分的稳定区。根据这些线可大致判断发生某些反应的可能性。由电势-pH 图还可知反应中各组分的生成条件及稳定存在的范围，它在解决水溶液中发生的系列反应平衡问题(如元素分离、金属防腐和湿法冶金等)中具有广泛的应用。

根据能斯特方程，电极电势与溶液浓度的关系为

$$\varphi = \varphi^{\ominus} - \frac{RT}{zF}\ln\frac{a_{还原态}}{a_{氧化态}} = \varphi^{\ominus} - \frac{RT}{zF}\ln\frac{c_{还原态}}{c_{氧化态}} - \frac{RT}{zF}\ln\frac{\gamma_{还原态}}{\gamma_{氧化态}} \tag{4-6}$$

式中，φ、$\varphi^{\ominus}$分别为电极电势和标准电极电势；a、c、γ 分别表示还原态或氧化态的活度、物质的量浓度和活度系数。在溶液的温度和离子强度保持不变的条件下，式(4-6)中的末项 $-\frac{RT}{zF}\ln\frac{\gamma_{还原态}}{\gamma_{氧化态}}$ 为一常数，用 b 表示，则有

$$\varphi=\left(\varphi^{\ominus}+b\right)-\frac{RT}{zF}\ln\frac{c_{\text{还原态}}}{c_{\text{氧化态}}} \tag{4-7}$$

由此可见，恒温时系统的电极电势与溶液中还原态、氧化态浓度之比的对数具有线性关系。

本实验讨论的系统是 Fe^{3+}/Fe^{2+}-EDTA 配合物的混合溶液。EDTA 是乙二胺四乙酸的英文缩写，通常用化学式 H_4Y 表示 EDTA。为了增加水溶性，通常使用 EDTA 的二钠盐（Na_2H_2Y）作金属离子的配体。Fe^{3+}/Fe^{2+}-EDTA 配合物的电极反应可表示为

$$[FeY]^{-}+e^{-}=\!=\!=[FeY]^{2-}$$

其电极电势为

$$\varphi_1=\left(\varphi_1^{\ominus}+b_1\right)-\frac{RT}{F}\ln\frac{c_{[FeY]^{2-}}}{c_{[FeY]^{-}}} \tag{4-8}$$

由于配离子 $[FeY]^{-}$（$\lg K_{稳}=25.1$）和 $[FeY]^{2-}$（$\lg K_{稳}=14.2$）都很稳定，因此在 EDTA 过量时，可认为配合物的浓度与配制溶液中相应 Fe^{3+}/Fe^{2+}浓度相等，即

$$c_{[FeY]^{-}}=c_{0,Fe^{3+}},\qquad c_{[FeY]^{2-}}=c_{0,Fe^{2+}}$$

式中，$c_{0,Fe^{3+}}$ 和 $c_{0,Fe^{2+}}$ 分别为配制混合溶液时 Fe^{3+}和 Fe^{2+}的初浓度。于是式(4-8)可改写为

$$\varphi_1=\left(\varphi_1^{\ominus}+b_1\right)-\frac{RT}{F}\ln\frac{c_{0,Fe^{2+}}}{c_{0,Fe^{3+}}} \tag{4-9}$$

由式(4-9)可知，Fe^{3+}/Fe^{2+}-EDTA 配合物系统的电极电势随溶液中 $c_{0,Fe^{2+}}/c_{0,Fe^{3+}}$ 比值变化，而与溶液的 pH 无关。对具有某一确定的 $c_{0,Fe^{2+}}/c_{0,Fe^{3+}}$ 比值的溶液而言，其电势-pH 曲线应表现为一水平线段。

然而，该系统也并不是在所有 pH 范围内都与 pH 无关。在 pH 较小或较大时，因 Fe^{3+}/Fe^{2+}能与 EDTA 及 H^{+}/OH^{-}生成新的配合物而使电极电势发生变化。在 pH 较低时，Fe^{2+}可生成 $[FeHY]^{-}$；而在 pH 较高时，Fe^{3+}可生成 $[Fe(OH)Y]^{2-}$。因此，相应的电极反应和电极电势可表示为

1. pH 较低时

$$[FeY]^{-}+H^{+}+e^{-}=\!=\!=[FeHY]^{-}$$

$$\varphi_2=\left(\varphi_2^{\ominus}+b_2\right)-\frac{RT}{F}\ln\frac{c_{[\mathrm{FeHY}]^-}}{c_{[\mathrm{FeY}]^-}}-\frac{2.303RT}{F}\mathrm{pH}$$

即

$$\varphi_2=\left(\varphi_2^{\ominus}+b_2\right)-\frac{RT}{F}\ln\frac{c_{0,\mathrm{Fe}^{2+}}}{c_{0,\mathrm{Fe}^{3+}}}-\frac{2.303RT}{F}\mathrm{pH} \tag{4-10}$$

2. pH 较高时

$$\left[\mathrm{Fe(OH)Y}\right]^{2-}+\mathrm{e}^-=\!=\!=\left[\mathrm{FeY}\right]^{2-}+\mathrm{OH}^-$$

$$\varphi_3=\left(\varphi_3^{\ominus}+b_3-\frac{RT}{F}\ln K_\mathrm{w}\right)-\frac{RT}{F}\ln\frac{c_{[\mathrm{FeY}]^{2-}}}{c_{[\mathrm{Fe(OH)Y}]^{2-}}}-\frac{2.303RT}{F}\mathrm{pH}$$

即

$$\varphi_3=\left(\varphi_3^{\ominus}+b_3-\frac{RT}{F}\ln K_\mathrm{w}\right)-\frac{RT}{F}\ln\frac{c_{0,\mathrm{Fe}^{2+}}}{c_{0,\mathrm{Fe}^{3+}}}-\frac{2.303RT}{F}\mathrm{pH} \tag{4-11}$$

式中，K_w 为水的离子积常数。

由式(4-10)和式(4-11)可知，在低 pH 和高 pH 时，Fe^{3+}/Fe^{2+}-EDTA 配合物系统的电极电势不仅与 $c_{0,\mathrm{Fe}^{2+}}/c_{0,\mathrm{Fe}^{3+}}$ 比值有关，还与溶液的 pH 有关。在 $c_{0,\mathrm{Fe}^{2+}}/c_{0,\mathrm{Fe}^{3+}}$ 比值不变时，其电势与 pH 为线性关系，其斜率为 $-\dfrac{2.303RT}{F}$。

根据电极电势的定义(待测电极为正极、氢标准电极为负极的电池电动势)，本实验采用饱和甘汞电极代替氢标准电极与待测电极组成原电池，并以此原电池的电动势 E 对溶液 pH 变化绘制电势-pH 曲线，其原理与上述讨论内容相同。

三、仪器与药品

超级恒温水浴、酸度计、数字电位差综合测试仪、电磁搅拌器、铂电极、饱和甘汞电极、复合电极、10mL 微量酸式滴定管。

$FeCl_3\cdot 6H_2O$(A.R.)、$FeCl_2\cdot 4H_2O$(A.R.)、EDTA 二钠盐(A.R.)、HCl($4\mathrm{mol\cdot L^{-1}}$)、NaOH 溶液($2\mathrm{mol\cdot L^{-1}}$)。

四、实验步骤

1. 仪器安装

按图 4-4 安装实验仪器装置。首先对酸度计用标准缓冲溶液进行校正，然后将处理过的铂电极、饱和甘汞电极和复合电极分别插入反应器的三个孔内，反应器的夹套接通超级恒温水浴的循环恒温水，反应器内放入磁力搅拌子。将复合电极的另一尾端连接到酸度计，以测量系统的 pH；将铂电极和饱和甘汞电极的尾端分别连接在电位差综合测试仪的测量正、负极上，用以测量原电池的电动势(使用方法见实验十二的附录一)。

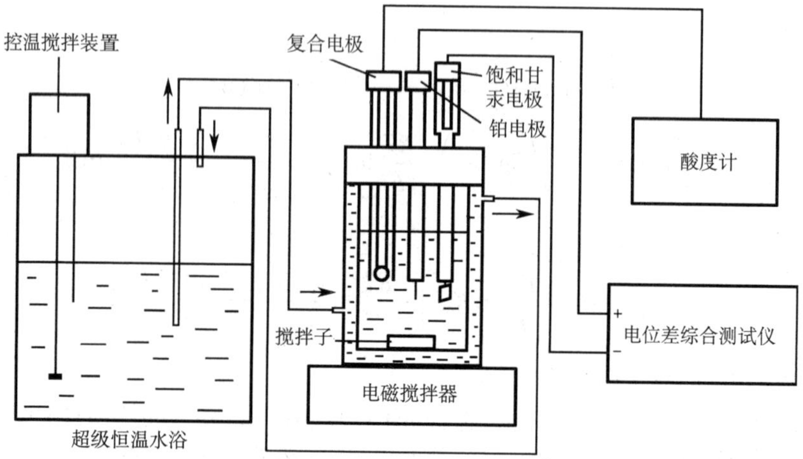

图 4-4　电势-pH 曲线测定实验装置图

2. 配制溶液

称取 3.5g EDTA 二钠盐放入 100mL 烧杯中，加入 40mL 蒸馏水，在 60℃水浴中加热搅拌溶解。将 EDTA 溶液冷却至 25℃，倒入反应器中。快速称取 0.86g $FeCl_3 \cdot 6H_2O$ 及 0.59g $FeCl_2 \cdot 4H_2O$，放入反应器中。开动电磁搅拌器，调节合适的转速，将溶液混合均匀。

3. 电池电动势和 pH 的测定

(1)首先调节超级恒温水浴的温度至 25℃，并将恒温循环水通入反应器的恒温夹套中。在电磁搅拌器搅拌的同时，用滴管缓慢滴加 $2mol \cdot L^{-1}$ 的 NaOH 溶液，直至溶液的 pH = 8 左右，此时溶液的颜色为红褐色(加碱时要防止局部生成氢氧化铁沉淀)。

(2)测定溶液的 pH 和电池的电动势 E。

(3)用 10mL 微量酸式滴定管从反应器的一个小孔滴入几滴 $4mol \cdot L^{-1}$ 的 HCl

溶液，以改变系统的 pH。待搅拌 30s 后，重新测定系统的 pH 和电池的电动势 E。每滴加一次 HCl 溶液后(滴加量以引起 pH 改变 0.3 左右为宜)测量一组 pH 和电动势 E，直至溶液变浑浊(此时 pH 约为 2.3 左右)为止。实验中，由于 Fe^{2+}易受空气氧化，如果实验条件允许最好向反应系统内持续通入 N_2 加以保护。

五、实验记录

溶液的 pH					
电池电动势 E/V					
溶液的 pH					
电池电动势 E/V					
溶液的 pH					
电池电动势 E/V					

六、数据处理

(1) 将测定的电池电动势 E 和溶液的 pH 数据列表。

(2) 以所测的电池电动势 E 为纵轴，以 pH 为横轴，作 Fe^{3+}/Fe^{2+}-EDTA 配合物系统的 E-pH 曲线。并从所得曲线上水平段确定 $[FeY]^-$ 和 $[FeY]^{2-}$ 稳定存在的 pH 范围。

七、思考题

(1) 本实验中复合电极、甘汞电极和铂电极的作用分别是什么？

(2) 分别写出 Fe^{3+}/Fe^{2+}-EDTA 配合物系统在电势平台区、低 pH 和高 pH 时的电极反应及对应的能斯特方程，并指出每项的物理意义。

【附录一】 Sartorius PB-10 酸度计的使用方法

1. 仪器准备

(1) 连接电极到仪表的 BNC 插头，连接温度传感器到 ATC。

(2) 用变压器把仪表连接到电源。

(3) 按 pH/mV 键设置 pH 模式。

2. 仪器校准

(1)按 SETUP 键，显示屏显示“Clear buffer”，按 ENTER 键确认，清除之前的校准数据。

(2)按 SETUP 键，直至显示屏显示缓冲组“1.68，4.01，6.68，9.18，12.46”或所需要的其他缓冲液组，按 ENTER 键确认。

(3)将复合电极用蒸馏水或去离子水清洗，滤纸吸干后浸入第一种缓冲溶液(pH = 4.01)，等到数值达到稳定并出现“S”时，按 STANDARDIZE 键，仪器将自动校准，如果校准时间较长，可按 ENTER 键手动校准。作为第一校准点数值被储存，显示“4.01”。

(4)用蒸馏水或去离子水清洗电极，滤纸吸干后浸入第二种缓冲溶液(pH = 9.18)，等到数值达到稳定并出现“S”时，按 STANDARDIZE 键，仪器将自动校准，如果校准时间较长，可按 ENTER 键手动校准。作为另一校准点数值被储存，显示“4.01　9.18”和测量的电极斜率值，如果该测量值范围在 90%～105%，可接受。如果与理论值有较大的偏差，将显示错误信息“Err”，电极应清洗，并依上述步骤重新校准。

3. pH 测量

用蒸馏水或去离子水清洗电极，滤纸吸干后浸入待测溶液。等到数值达到稳定并出现“S”时，即可读取测量值。

4. 仪器保养

(1)电极使用间隙，请将电极用蒸馏水或去离子水清洗干净，吸干电极。

(2)观察敏感球泡内部是否全部充满液体，如发现有气泡，则应将电极向下轻轻甩动，以消除敏感球泡内的气泡，否则将影响测试精度。

(3)测量完成后，电极用蒸馏水或去离子水清洗后，用 $3mol \cdot L^{-1}$ KCl 溶液保存。

(4)测量完成后，不用拔下变压器，应待机或关闭总电源，以保护仪器。

(5)如发现电极有问题，可用 $0.1mol \cdot L^{-1}$ HCl 溶液浸泡电极 0.5h 后放入 $3mol \cdot L^{-1}$ KCl 溶液保存。

【附录二】 标准缓冲溶液的配制及保存

配制标准缓冲溶液必须使用二次蒸馏水或去离子水，其电导率应小于 2×

$10^{-6}S\cdot cm^{-1}$，试剂采用二级标准物质(分析纯)。

1. 配制方法一

购买市售的 pH4、pH7、pH9 成套缓冲试剂，按其中说明配制。

2. 配制方法二

标准缓冲溶液有七种，这里选择三种介绍如下。

(1) B4 溶液：$0.05mol\cdot kg^{-1}$ 邻苯二甲酸氢钾溶液。称取邻苯二甲酸氢钾 10.12g(预先在 115±5℃下烘干 2～3h)，溶于蒸馏水中，于 25℃下在容量瓶中稀释至 1000mL。

(2) B6 溶液：$0.025mol\cdot kg^{-1}$ 磷酸氢二钠和 $0.025mol\cdot kg^{-1}$ 磷酸二氢钾混合溶液。分别称取在 115±5℃下烘干 1～3h 磷酸氢二钠 3.533g 和磷酸二氢钾 3.387g，溶于蒸馏水，于 25℃下在容量瓶中稀释至 1000mL。配制溶液用的蒸馏水应预先煮沸 15～30min 或通入惰性气体以除去溶解的二氧化碳。

(3) B9 溶液：$0.01mol\cdot kg^{-1}$ 硼砂(十水合四硼酸钠)溶液。称取硼砂 3.80g(注意：不能烘干！)溶于蒸馏水，于 25℃下在容量瓶中稀释至 1000mL。配制溶液用的蒸馏水应预先煮沸 15～30min 或通入惰性气体以除去溶解的二氧化碳。

3. 缓冲溶液的保存

B9 碱性溶液应装在聚乙烯瓶中密封保存。标准缓冲溶液一般可保存 2～3 个月，但发现有混浊、发霉或沉淀等现象时不能继续使用。

实验十四　氢超电势的测定

一、实验目的

(1) 了解不可逆电极的意义及影响超电势的因素。

(2) 掌握测量不可逆电极电势的实验方法。

(3) 测定光亮铂电极上氢的超电势，求得塔菲尔公式中的常数值。

二、实验原理

可逆电池电动势和可逆电极电势都是热力学平衡状态下的函数，即电池和电极上无电流通过时的平衡电势。实际上，无论是原电池还是电解池，只要有电流通过，就有极化作用发生，该过程是不可逆过程。随着电极上电流密度的增加，电极的不可逆程度越来越大，其电势值对平衡电势的偏离也越来越远，用来描述电流密度与电极电势关系的曲线称为极化曲线。有电流通过时，电极的实测电势与平衡(可逆)电势偏离的现象称为电极的极化，其偏离值的大小(绝对值)称为超电势或过电位，用 η 表示。

当原电池或电解池中有电流通过时，两极相对可逆电极电势 φ_e 发生极化的结果是阳极电极电势 φ_a 升高；阴极电极电势 φ_c 降低，即

$$\eta_a = \varphi_a - \varphi_{a,e}$$

$$\eta_c = \varphi_{c,e} - \varphi_c$$

式中，η_a 与 η_c 分别为阳极与阴极的超电势。

对于 H_2 和 H^+ 构成的氢电极(阴极)，当没有电流通过时，H^+ 和 H_2 分子处于热力学平衡状态；当电流通过氢电极时，H^+ 在氢电极上发生反应，此时氢电极电势偏离可逆电势，产生了氢超电势，即

$$\eta_H = \varphi_{H,e} - \varphi_H$$

氢超电势 η_H 的数值与电极材料的关系最大，此外还与溶液组成、电流密度、温度等因素有关。η_H 主要由三部分组成：电阻超电势、活化超电势和浓差超电势。电阻超电势是由电极氧化膜及溶液中的电阻(也称内阻)产生的超电势。活化超电势是由于电极反应具有较高的活化能，为克服反应的活化能而需外加的电压所产生的超电势。浓差超电势是由于反应物及产物的扩散迁移速率低于电极反应速率，引起电极附近浓度与溶液浓度差别产生的超电势。其中，电阻超电势和浓差超电

势均可以人为地降到最低程度，所以实际测量的氢超电势主要是活化氢超电势。

1905 年，塔费尔(Tafel)总结了大量的电极材料，在一定的电流密度范围内，提出了超电势与电流密度的经验关系式——塔费尔公式

$$\eta = a + b\ln j$$

式中，a、b 为经验常数，单位是 V；j 为电流密度，单位是 $A \cdot m^2$；η 为电流密度等于 j 时的氢超电势，单位是 V。其中，a 是单位电流密度($j = 1\ A \cdot m^2$)时的氢超电势，其数值与电极材料、电极表面状态、溶液组成和实验温度等有关；b 是氢超电势 η 与电流密度对数 $\ln j$ 的线性关系的斜率，对不同的电极材料，其数值相差不大，室温下约为 0.050 V。

塔费尔公式只适用于电流密度 j 较大的高极化区，当 j 很小时，氢超电势 η 则与电流密度 j 成正比，即

$$\eta = \omega j$$

式中的比例系数是与金属电极性质有关的常数，单位是 $\Omega \cdot m^{-2}$。

氢超电势的数值可以通过实验测定，即在不同的电流密度条件下测量电极电势。实验中可选择一参比电极与待测电极组成原电池，再用电位差综合测试仪测量此原电池的电动势。如果参比电极是具有稳定可逆电势的标准电极(如饱和甘汞电极)，同时测量线路中又没有电流通过(对消法测电动势的方法详见实验十二的实验原理部分)，而且采取了尽量降低电阻超电势和浓差超电势产生的有效措施，则由所测的原电池电动势可得出被测电极的相对电极电势。另外，为使电流能够不断地通过被测电极，还需另加一个辅助电极与被测电极构成电解池，并且可通过稳流器调节电流密度。

实验中可通过以下方法实现电阻超电势和浓差超电势的降低。适当降低电解电流密度，使得电解反应速率下降，以实现与扩散速率的近似平衡，此时可忽略浓差超电势的产生。被测电极的电极电势是在电解电流连续流过时测定的，此时被测电极与参比电极之间用毛细管(又称鲁金毛细管)相连接。由于此毛细管尖端紧靠被测电极，而毛细管内的溶液又没有电流通过，因此电阻超电势可忽略不计。

注意：本实验在测定氢超电势前，为避免受电极表面吸附的 O_2 或溶液中溶解的 O_2 及杂质的干扰，必须将待测电极预极化。通过较长时间的极化，使电极获得稳定的表面状态，然后从大电流密度向小电流密度逐点往下测量其电极电势。

三、仪器与药品

数字电位差综合测试仪、稳流器、电解池、铂电极、饱和甘汞电极、辅助电极。

H_2SO_4 溶液（$0.5mol \cdot L^{-1}$）。

四、实验步骤

1. 安装实验装置

将待测电极(即光亮铂电极)、辅助电极、饱和甘汞电极均用 $0.5mol \cdot L^{-1}$ 的 H_2SO_4 溶液冲洗，并放入电解池内。电解池内装入一定量的 $0.5mol \cdot L^{-1} H_2SO_4$ 电解液。

按实验装置图(图 4-5)连接好线路，用 10mA 的电流使铂电极预极化，使溶液中的电极钝化。

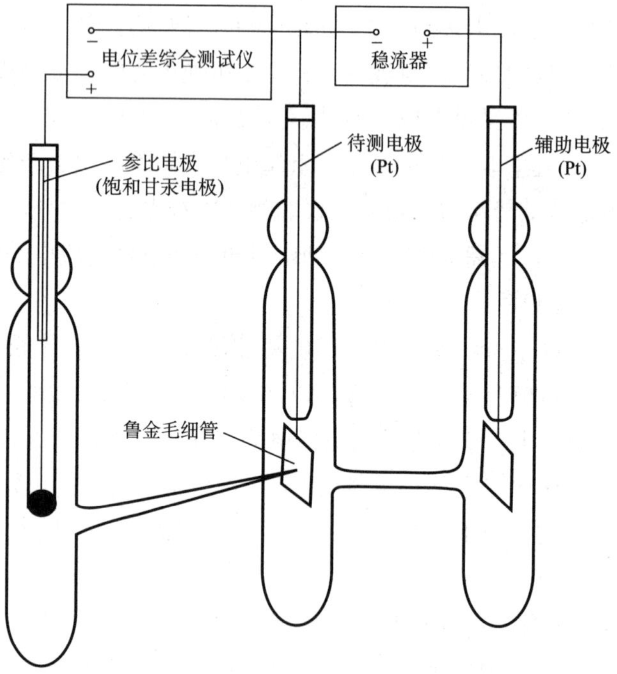

图 4-5　氢超电势测定装置

2. 氢超电势的测定

将电位差综合测试仪标定好后，调节稳流电源电流，使电解电流在 0～10mA 范围内，测定电流分别为 9.0mA、7.0mA、5.0mA、4.0mA、3.0mA、2.5mA、2.0mA、1.5mA、1.0mA、0.8mA、0.6mA、0.4mA、0.3mA、0.2mA、0.1mA 时的电势值。

待测电极与饱和甘汞电极构成原电池，即“$Pt | H_2(g) | H^+(1mol \cdot L^{-1}) |$ 饱和甘汞电极”，25℃时，该电池的标准电动势为 $E^{\ominus} = 0.2412V$。

在测量过程中，一套数据必须连续测定，不得中断电流(较短时间关系不大)，否则由于电极表面的变化将引起极化的改变。在 1min 内被测电动势读数如改变 1～2mV，就可以认为已达到稳定值。

测量完毕，用蒸馏水清洗电极，测量待测电极的面积。将待测电极及辅助电极放入蒸馏水中，将饱和甘汞电极放入饱和 KCl 溶液中。

将所用仪器、导线等全部复原，以便下次实验用。

五、实验记录

待测电极的面积 =__________________cm^2。

电流 I/mA	9.0	7.0	5.0	4.0	3.0	2.5	2.0	1.5
电势差 E/V								
氢超电势 η/V								
电流密度 j/($A \cdot cm^2$)								
$\ln j$								
电流 I/mA	1.0	0.8	0.6	0.4	0.3	0.2	0.1	0.0
电势差 E/V								
氢超电势 η/V								
电流密度 j/($A \cdot cm^2$)								
$\ln j$								

六、数据处理

(1)将测得的各电势差 E 减去无电流($I = 0$)时的电势差 E_0 数值，或减去该电池的标准电动势 $E^{\ominus}$，即得氢超电势 η。

(2)将电解电流 I 换算成电流密度 j($A \cdot m^2$)，并取其自然对数。以氢超电势 η 对电流密度的对数 $\ln j$ 作图。

(3) 求出直线部分的斜率 b，并将直线延长至 $\ln j = 0$ 处，读取 a 值。

七、思考题

(1) 电解池中三个电极的作用分别是什么？

(2) 为什么在测定氢超电势前，一定要使待测电极预极化？

(3) 常用的参比电极——饱和甘汞电极的使用注意事项有哪些？

第 5 章　表面化学与胶体化学实验

实验十五　最大气泡法测定液体的表面张力

一、实验目的

(1) 掌握最大气泡法测定液体表面张力的原理和方法。

(2) 熟悉溶液表面吸附的性质及与表面张力的关系。

(3) 熟悉表面张力的意义和性质，测定不同浓度溶液的表面张力。

二、实验原理

液体的表面层分子与体相分子所受的作用力不同，因此表面层物质的物理、化学性质与体相内部也不相同。表面层的分子受到向内的拉力，所以液体的表面总是有收缩的趋势。为了使表面积增加，就必须对抗拉力向系统做功，若可逆地使表面积增加 dA，这时对系统所做的功 $\delta W'$ 只是增加了表面积，这个功称为表面功。在等温等压条件下，可逆地向系统做表面功，可表示为

$$dG = \delta W' = \sigma dA \tag{5-1}$$

式中，σ 称为比表面吉布斯自由能，简称为比表面能，表示组成不变、等温等压条件下，改变液体单位表面积时吉布斯自由能的改变值，其单位是 $J \cdot m^{-2}$，因此

$$\sigma = \left(\frac{\partial G}{\partial A}\right)_{T,p,n_B} \tag{5-2}$$

此外，σ 也称为表面张力，表示沿着表面的切线方向，垂直作用在单位长度边界线上的收缩力，其单位是 $N \cdot m^{-1}$。比表面能和表面张力本质上是同一个物理量，是从不同角度讨论问题时得出的，只是在物理意义的解释上有所不同而已。

表面张力是液体的重要性质之一，与温度、压力、浓度及共存的另一相的组成都有关。对于溶液来说，溶液的表面张力和表面层的组成有着密切的关系。根据能量最低原理，当溶质的加入能降低溶剂的表面张力时，溶液内部将有一部分溶质进入表面层，使表面层中溶质的浓度比溶液本体的浓度大；反之，当溶质的加入能增大溶剂的表面张力时，则表面层中的溶质将有一部分进入溶液本体，使它在表面层中的浓度比在溶液本体的浓度小。这种表面层浓度与溶液本体浓度不

同的现象称为溶液的表面吸附现象。在指定的温度和压力下，溶质的吸附量与溶液的表面张力及溶液的浓度之间的定量关系遵守吉布斯吸附等温式

$$\Gamma = -\frac{a}{RT}\left(\frac{\partial \sigma}{\partial a}\right)_T \tag{5-3}$$

式中，Γ 为气、液界面上溶质的表面吸附量，也称表面超量；σ 为溶液的表面张力；T 为热力学温度；R 为摩尔气体常量；a 为吸附作用达到平衡时溶质在溶液本体中的活度，对于理想溶液或稀溶液，可用溶质的浓度 c 代替活度 a

$$\Gamma = -\frac{c}{RT}\left(\frac{\partial \sigma}{\partial c}\right)_T \tag{5-4}$$

当 $\left(\frac{\partial \sigma}{\partial c}\right)_T < 0$ 时，$\Gamma > 0$，即溶液的表面张力随溶液浓度的增加而下降，吸附量为正值，此时溶质在溶液表面层的浓度大于溶液本体中的浓度，称为正吸附；反之，若 $\left(\frac{\partial \sigma}{\partial c}\right)_T > 0$，则称为负吸附。吉布斯吸附等温式的应用范围很广，是表面化学的基本公式之一。

能使液体表面张力降低的物质，称为表面活性物质或表面活性剂。从分子结构的观点看，表面活性物质的分子中都含有亲水性的极性基团和疏水性的非极性基团。在水溶液表面，极性部分指向溶液内部，非极性部分则指向空气。表面活性剂分子在溶液表面的排列状况，随其浓度不同而不同，如图 5-1 所示。当浓度极小时，溶质分子几乎平躺在溶液表面，如图 5-1(a)所示；当浓度较大时，分子排列如图 5-1(b)所示；当浓度增大到一定程度时，整个溶液表面完全被表面活性分子所占据，形成单分子饱和吸附层，如图 5-1(c)所示。

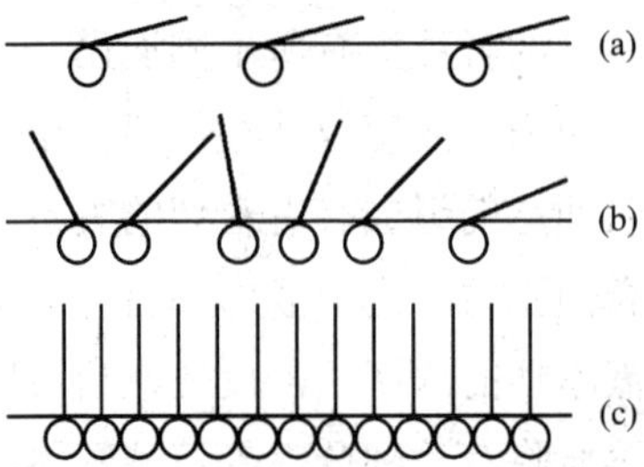

图 5-1　溶质分子在溶液表面的排列情况

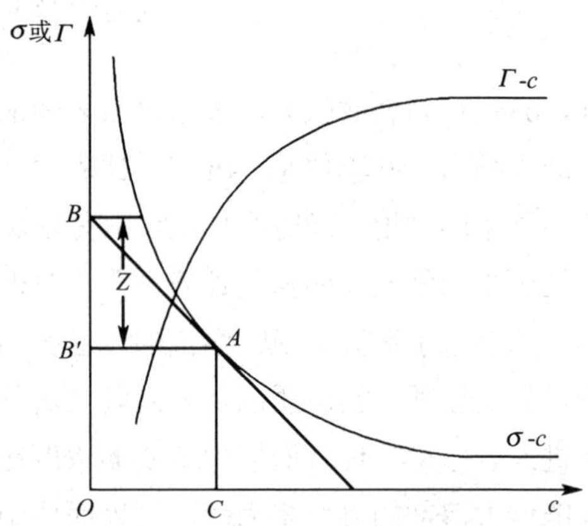

图 5-2　表面张力及吸附等温线

随着表面活性物质分子在界面上越来越紧的排列，此界面的表面张力逐渐减小。通过实验测定不同浓度溶液的表面张力 σ，绘制表面张力等温线，如图5-2 中曲线 σ-c 线所示。当溶液浓度较小时，σ 随 c 的增大而迅速下降。溶液浓度继续增大，溶液的表面张力随浓度的变化渐趋平缓。当浓度增大到某一值后，溶液的表面张力几乎不随浓度的增加而改变。为了求得在不同浓度下的吸附量，可以利用图解法进行计算。

如图 5-2 所示，在 σ-c 曲线上任取一点 A(浓度为 c)，通过 A 点作曲线的切线 AB 和平行于横轴的直线 AB'，分别交纵轴于 B 和 B'。令 $BB' = Z$，则

$$Z = -c\left(\frac{\partial \sigma}{\partial c}\right)_T \tag{5-5}$$

式(5-5)代入式(5-4)得

$$\Gamma = -\frac{c}{RT}\left(\frac{\partial \sigma}{\partial c}\right)_T = \frac{Z}{RT} \tag{5-6}$$

继续改变曲线 σ-c 上 A 点的位置，以不同的表面超量 Γ 对其相应的浓度 c 作出曲线，称为表面吸附等温线，如图 5-2 中曲线 Γ-c 所示。

在一定的温度下，吸附量与溶液浓度间的关系可用朗缪尔(Langmuir)吸附等温式表示

$$\Gamma = \Gamma_\infty \frac{bc}{1+bc} \tag{5-7}$$

式中，Γ_∞ 为饱和吸附量，被看成是表面铺满一单分子层溶质的量；b 为吸附平衡常数，又称吸附系数，是吸附速率常数与解吸速率常数的比值，其数值的大小与溶剂和溶质的性质及温度有关。

朗缪尔公式可变形为直线方程形式

$$\frac{c}{\Gamma} = \frac{bc+1}{b\Gamma_\infty} = \frac{c}{\Gamma_\infty} + \frac{1}{b\Gamma_\infty} \tag{5-8}$$

因此，以 $\frac{c}{\Gamma}$ 对 c 作图，可得一直线(如图 5-3 所示)，该直线的斜率为 $\frac{1}{\Gamma_\infty}$。

如果以 N 代表饱和吸附时单位面积表面层中的分子数，则 $N = \Gamma_\infty N_A$，(N_A 为阿伏伽德罗常量)。所以在饱和吸附时，每个被吸附分子在表面上所占的面积(即分子的横截面积)以 S 表示，则

$$S = \frac{1}{\Gamma_\infty N_A} \tag{5-9}$$

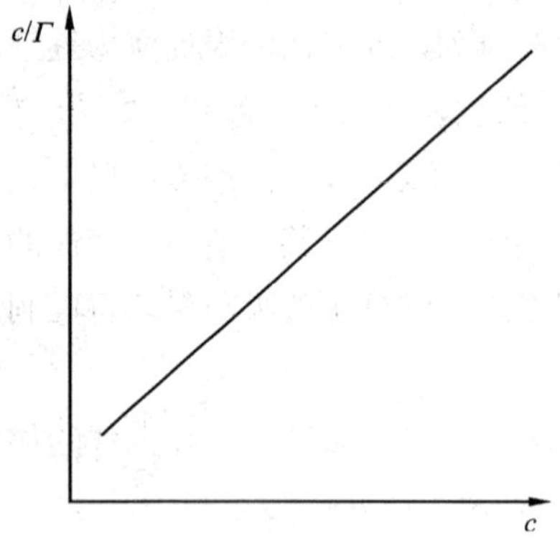

图 5-3　c/Γ-c 线性关系图

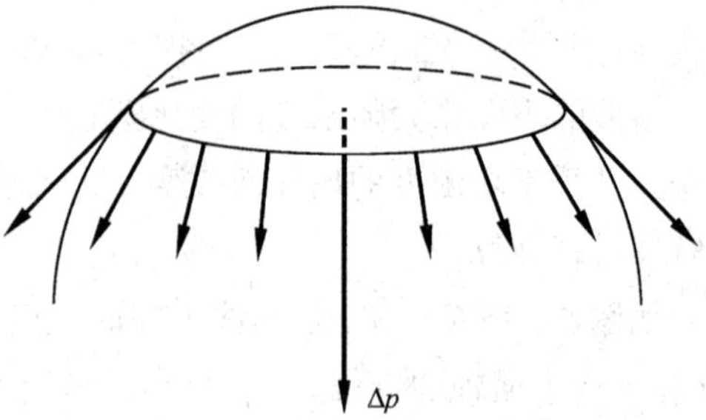

图 5-4　弯曲液面的附加压力

若已知溶质的密度 ρ 和摩尔质量 M，就可以计算出吸附层的厚度 δ

$$\delta = \frac{\Gamma_\infty M}{\rho} \tag{5-10}$$

在弯曲的液面下，由于表面张力的作用，会产生一附加压力 Δp，如图 5-4 所示。由杨-拉普拉斯(Young-Laplace)公式可得出附加压力为

$$\Delta p = \frac{2\sigma}{r} \tag{5-11}$$

式中，Δp 为弯曲液面的附加压力；σ 为溶液的表面张力；r 为弯曲液面的曲率半径。

由式(5-11)可知，液面的曲率半径越小，附加压力 Δp 越大。本实验就是通过测定附加压力 Δp，求出表面张力 σ，再根据吉布斯吸附等温式求出吸附量 Γ，饱和吸附量 Γ_∞，进而求出溶质分子的横截面积 S 和吸附层厚度 δ。

实验装置如图 5-5 所示。图中表面张力仪的样品管中有一个直径为 0.2～0.5mm 的毛细管；压力计采用微压差测量仪。

将待测表面张力的液体盛于表面张力计的样品管中，使毛细管下端与液面相切，液面沿毛细管上升一定的高度。打开减压瓶的减压活塞，使里面的水慢慢滴出，则系统内的压力慢慢减小，毛细管内液面上方受到一个比样品管中液面上方大的压力，此时毛细管内的液面逐渐下降至与样品管内液面相平，继续减压将会在管端慢慢形成气泡。开始时气泡表面很平，曲率半径很大，如图 5-6(a)所示。随着气泡的形成，曲率半径逐渐变小，形成半球时，气泡的曲率半径与毛细管的半径相等，此时曲率半径达最小值，如图 5-6(b)所示。当气泡进一步长大，形成多半个球状，曲率半径则又变大，如图 5-6(c)所示，直到气泡从毛细管口脱出。

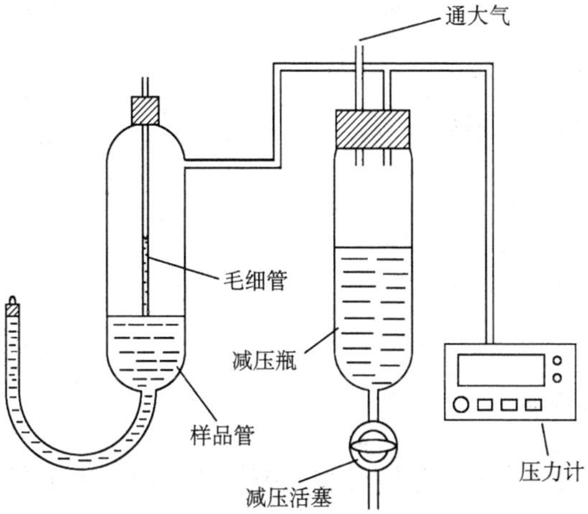

图 5-5　测定表面张力的装置

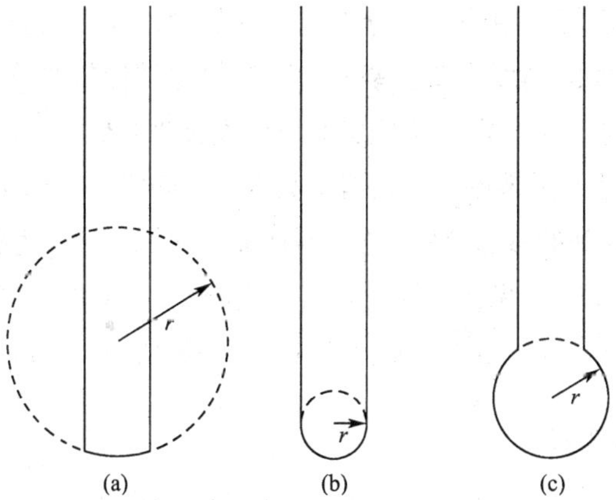

图 5-6　气泡曲率半径的变化规律

曲率半径最小时，弯曲液面的附加压力最大，在压力计上就有绝对值最大的读数 $\Delta p_{\max}$。此时气泡的曲率半径就是毛细管的半径，由式(5-11)的杨-拉普拉斯公式有

$$\Delta p_{\max} = \frac{2\sigma}{r} \tag{5-12}$$

式中，r 既是气泡最小的曲率半径，也是毛细管底端的内半径，于是得到

$$\sigma = \frac{r}{2}\Delta p_{\max} = K\Delta p_{\max} \tag{5-13}$$

其中，$K = \frac{r}{2}$，为仪器常数，但因 r 很小，难以测准，所以需用已知表面张力的液体(如蒸馏水)来测定仪器常数。

三、仪器与药品

表面张力测定装置、微压差测量仪、50mL 移液管、1mL 吸量管、100mL 烧杯、电吹风。

正丁醇(A.R.)。

四、实验步骤

1. 仪器准备和检漏

将表面张力测定装置的各个容器和毛细管依次用自来水和蒸馏水洗净，烘干后按图 5-5 安装好。注意：样品管要与桌面垂直。

将水注入减压瓶中，在一个干净且干燥的烧杯(标记为 A)中，用移液管注入 50mL 蒸馏水。然后将其中的一部分水注入样品管，反复用胶头滴管和仪器的毛细管调节和量度液面的高度，要使塞紧的毛细管底端恰好与液面相切。

打开微压差测量仪的电源，将仪器的单位设置为 kPa，在减压瓶顶端通大气的情况下，按下压力计的采零键，使仪器示数为“0.000”。关闭减压瓶顶端通大气旋塞，再开启减压瓶底部的减压活塞，这时减压瓶中水面下降，使系统内压力降低(实际上等于对系统抽气)。当微压差测量仪有一定的示数(至少为– 0.3kPa 以上)时，关闭减压活塞，若两三分钟内压力示数基本不变，则说明系统不漏气，可以进行实验。

2. 仪器常数的测定

打开减压活塞，对系统减压，调节水流速度，使气泡由毛细管底端成单泡逸出，且每个气泡形成的时间不少于10～20s。否则吸附平衡就来不及在气泡表面建立，因而测得的表面张力也就不能反映该浓度下真正的表面张力值。读取微压差测量仪绝对值最大的读数三次，并计算其平均值。

再由物理化学实验常用数据表(见书后附录)查出实验温度下水的表面张力 $\sigma_{水}$，则仪器常数 K 为

$$K = \frac{\sigma_{水}}{\Delta p_{\max}} \tag{5-14}$$

3. 表面张力随溶液浓度变化的测定

将样品管中的蒸馏水全部倒回烧杯 A 中，用移液管移入 0.100mL 正丁醇，混

合均匀后，用少量溶液润洗样品管两次，注意每次的润洗液仍要倒回原烧杯 A 中，再将一部分溶液注入样品管中，调节液面高度，使之与毛细管端相切。用与测定仪器常数相同的方法读取最大差力差示数三次，并计算其平均值。

然后依次向此系统中加入 0.200mL、0.200mL、0.200mL、0.500mL、0.500mL、1.000mL 和 1.000mL 正丁醇，每加入一次正丁醇，记录三个最大压力差示数，并计算平均值，从而测得一系列的压力差数据，最后正丁醇的量达到饱和，即测得的最大压力差不再随正丁醇的加入而变化。

五、实验记录

加入正丁醇的量/mL	0.000	0.100	0.300	0.500	0.700	1.200	1.700	2.700	3.700
$\Delta p_{\max,1}$/kPa									
$\Delta p_{\max,2}$/kPa									
$\Delta p_{\max,3}$/kPa									
$\Delta p_{\max}$ 的平均值/kPa									

六、数据处理

(1) 计算仪器常数 K 和溶液的表面张力 σ，并绘制 σ-c 等温线。

(2) 求出 Γ 和 $\dfrac{c}{\Gamma}$ 值，列出关系表，绘制 Γ-c，$\dfrac{c}{\Gamma}$-c 等温线，并求出 Γ_∞。

(3) 查出实验温度下正丁醇的密度(见书后附录)，计算 S 和 δ 值。

七、思考题

(1) 溶液的液面为何必须调到恰与毛细管底端相切？否则对实验有何影响？

(2) 气泡逸出速度过快，或不成单泡，对实验有无影响？为什么？

(3) 用本法测表面张力时，为什么要测定仪器常数？如何测定？

实验十六　溶胶的制备及电泳

一、实验目的

(1)掌握化学法制备及纯化氢氧化铁溶胶的方法。

(2)通过实验观察熟悉溶胶的电泳和溶剂的电渗现象。

(3)了解电泳法测电动电势的技术，并测定氢氧化铁溶胶的电泳速度及 ζ 电势。

二、实验原理

分散系统按其分散相粒子的大小可大致分为三类：粗分散系统(直径 > 100nm)、胶体分散系统(1nm < 直径 < 100nm)和分子分散系统(直径 < 1nm)。胶体分散系统简称胶体，根据分散相与分散介质间亲和力的不同，又可分为大分子溶液(也称高聚物溶液)和溶胶。溶胶是一种多相分散系统，其分散介质可以是气体(气溶胶)、液体(液溶胶)和固体(固溶胶)。通常所说的溶胶一般是指分散相是固体，分散介质是液体的液溶胶。由于此类溶胶的相界面很大，表面能也很大，因此溶胶是热力学的不稳定系统。然而，溶胶通常可以在一定的时间内稳定存在，其最主要的原因是分散相粒子(胶体粒子，简称胶粒)表面总带有一定数目的电荷，使彼此不易因相互靠近而聚沉。在溶胶分散系统中，胶粒所带的电荷来源有多种途径，如电离作用、吸附作用、晶格取代、摩擦生电等。

在胶粒周围的介质中分布着同量的相反电荷，构成了双电层结构，胶核与周围的双电层结构一起称为胶团，整个胶团保持中性，如图 5-7 所示。双电层又可分为两部分，一部分紧密地与胶核吸附在一起，约有一两个分子层厚，称为吸附层。吸附层与胶核一起称为胶粒。在吸附层以外的部分称为扩散层。从吸附层和扩散层的界面到液体内部电中性之间的电势差称为电动电势或 ζ 电势。ζ 电势是表征溶胶的重要物理量之一，在研究溶胶的性质及其实际应用中有着重要意义。

在外电场的作用下，胶粒及与吸附层结合的一定数量的溶剂分子一起运动，而扩散层则向相反的方向移动。这种在电场作用下，带电的胶粒朝相反电荷电极方向迁移的现象，称为电泳。有时，由于有外压或重力作用，胶粒电泳的同时，溶剂分子也同时向反方向移动。这种在电场作用下，溶剂分子相对带电粒子逆向迁移的现象，称为电渗。电泳和电渗都属于胶体系统的电动现象，往往同时发生。

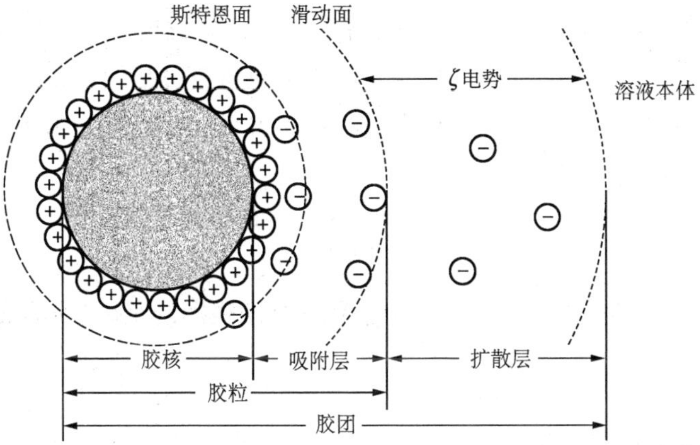

图 5-7　胶团结构及双电层示意图

同一胶粒在同一电场中的移动速度与 ζ 电势的大小有关。测定 ζ 电势，对解决胶体系统的稳定性具有很重要的意义。在一般的溶胶中，ζ 电势的绝对值越大，表明胶粒所带的电荷越多，胶粒间排斥力越大，则溶胶越稳定，反之亦然。当 ζ 电势等于零时，溶胶的稳定性最差，此时可观察到溶胶的聚沉现象。因此，无论制备溶胶或破坏溶胶，都要了解所研究溶胶的 ζ 电势。胶粒在电场中的迁移速度除了与 ζ 电势有关外，还与测定的条件有关。

原则上，任何一种胶体的电动现象(电泳、电渗、流动电势、沉降电势)都可用来测定 ζ 电势，但最方便的是利用电泳现象测定。电泳法可分为两类，即宏观法和微观法。 宏观法原理是观察溶胶与另一不含胶粒的导电液体的界面在电场中的移动速度。微观法则是直接观察单个胶粒在电场中的电泳速度。对高分散的溶胶(如 As_2S_3 溶胶和 Fe_2O_3 溶胶)或过浓的溶胶，不易观察个别粒子的运动，只能用宏观法。对于颜色太浅或浓度过稀的溶胶，则适宜用微观法。本实验采用宏观法。

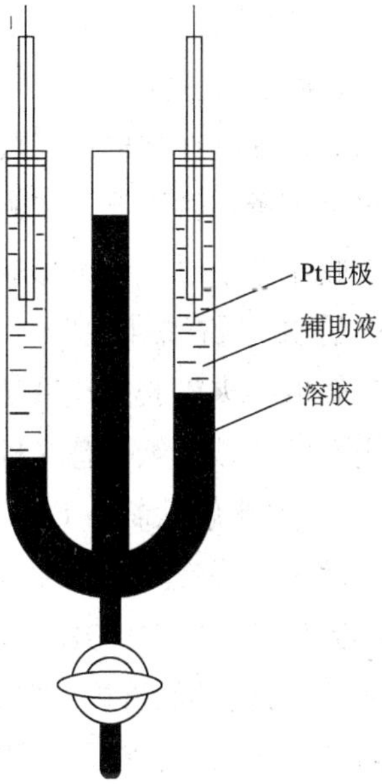

图 5-8　U 形管电泳仪示意图

宏观电泳法的装置如图 5-8 所示，测定 $Fe(OH)_3$ 溶胶的电泳就是一个典型的例子。

ζ 电势的数值，可根据亥姆霍兹方程式计算

$$\zeta = \frac{3.6\times10^{10}\pi\eta u}{\varepsilon H} \tag{5-15}$$

式中，η 为液体的黏度，单位是 Pa · s，本实验为水的黏度，可查书后附录的常用数据表；ε 为液体的介电常数，水的介电常数也可查书后附录的常用数据表；u 为电泳速度(即迁移的速度)，单位是 $m \cdot s^{-1}$；H 为电势梯度，单位是 $V \cdot m^{-1}$，并且

$$H = \frac{E}{l} \tag{5-16}$$

式中，E 为外加电场的电压数值，单位是 V；l 是两极间的距离(沿溶液内部测量)，单位是 m。

三、仪器与药品

直流稳压电源、电导率仪、铂电极、U 形管电泳仪、10mL 量筒、100mL 量筒、100mL 烧杯、500mL 烧杯、250mL 锥形瓶。

$FeCl_3$ 溶液(3%)、HCl 溶液($1mol \cdot L^{-1}$)、火棉胶溶液(5%)、$AgNO_3$ 溶液(1%)。

四、实验步骤

1. 溶胶的制备

(1)半透膜的制备：取 250mL 锥形瓶，洗净烘干后，倒入约 10mL 5%火棉胶液(注意：它是硝化纤维素的乙醇-乙醚的混合溶液，要远离火源！)。小心转动锥形瓶，使其在瓶壁内形成一均匀薄层，倾出多余的火棉胶液体于回收瓶中，把锥形瓶倒置在铁圈上，让剩余的火棉胶流尽，并使乙醚挥发完。用手轻轻接触火棉胶膜不粘手时，在锥形瓶中加满蒸馏水溶去剩余的乙醇。几分钟后，倒去锥形瓶内的水，再在瓶口剥开一部分膜，在膜与瓶壁之间注入蒸馏水，膜就会脱离瓶壁。轻轻取出火棉胶袋，用袋盛蒸馏水检查是否漏水。然后泡入蒸馏水中备用。也可用简便的玻璃纸代替火棉胶作渗析半透膜。

(2)水解法制备 $Fe(OH)_3$ 溶胶：在烧杯中将 100mL 蒸馏水加热至沸，边搅拌边用滴管慢慢地逐滴加入 10mL 3% $FeCl_3$ 溶液，再煮沸约 2min。由于水解的结果，得到红棕色的 $Fe(OH)_3$ 溶胶。

(3)溶胶的渗析：把 $Fe(OH)_3$ 溶胶倒入火棉胶袋(或玻璃纸袋)中，扎好袋口，将其置于二三倍溶胶体积的蒸馏水中，使水温保持在 60～70℃进行热渗析。半小时换一次水，直至渗析液用 $AgNO_3$ 溶液检查不出 Cl^- 时为止。

2. 溶胶的电泳

(1) 将电泳仪用洗液洗净，再用自来水冲洗多次，用蒸馏水漂洗，然后取出旋塞，烘干。在旋塞上涂一薄层凡士林，而且凡士林离孔要远些，以免弄脏溶液。

(2) 用电导率仪(使用方法见实验八附录)测量 $Fe(OH)_3$ 溶胶的电导率值，再于一个小烧杯中加入一定量的蒸馏水，用滴管逐滴加入 $1mol \cdot L^{-1}$ HCl 溶液，同时测量此溶液的电导率值，使其电导率与溶胶的电导率值相等，此稀盐酸溶液即为待用的辅助液。

(3) 关好 U 形管电泳仪下端的活塞，用滴管沿后管壁逐渐加入 $Fe(OH)_3$ 溶胶(注意：不得有气泡，若旋塞下方存有少量气泡，可慢慢旋开旋塞放出气泡，但切勿使溶胶流过旋塞，气泡放出后马上关闭活塞)。再由电泳仪前方 U 形管的上口加入适量的辅助液(注意辅助液要加适量，不可过多而影响测量电泳的距离，亦不可过少而使电泳过程中溶胶与电极接触)，将两个 Pt 电极分别插入 U 形管的辅助液中，其深度尽量相等。

(4) 缓慢打开活塞(越慢越好，否则搅混液面，须重做)，使溶胶慢慢上升至适当高度(此过程中若溶胶不足，需补加)，关闭旋塞，记下溶胶液面的高度位置。接好线路，开启直流稳压电源，将电压调节在 40～50V，同时开始计时，并记录电源电压的数值。电源开启后，要时常观察两电极附近是否有气泡产生，若没有气泡，需检查电路是否导通。计时 60min 后，关闭电源，记下溶胶的界面差。用线量出两极间的距离(不是水平距离，而是 U 形导管内溶液的距离)，此数值须测量五六次并计算其平均值(l)。

3. 实验结束

将溶胶倒入回收瓶中，U 形管电泳仪冲洗干净，倒置于铁架台上。

五、实验记录

氢氧化铁溶胶和辅助液的电导率值/mS	
电泳前 U 形管两侧溶胶液面的高度差 Δh_1/m	
电泳后 U 形管两侧溶胶液面的高度差 Δh_2/m	
电泳时两电极之间的端电压 E/V	
两电极之间的距离 l/m	

六、数据处理

(1)计算电泳的速度 $u(\mathrm{m \cdot s^{-1}})$ 及电势梯度 $H(\mathrm{V \cdot m^{-1}})$。

(2)查数据表得出水的介电常数及黏度，并计算胶粒的 ζ 电势。

(3)胶粒带何种电荷？

七、思考题

(1)电泳速度的快慢与哪些因素有关？

(2)本实验中所用稀盐酸的电导率为什么必须和所测溶胶的电导率十分相近？

(3)辅助液起什么作用？在电泳测定中如不使用辅助液，把电极直接插入溶胶中会发生什么现象？

实验十七　黏度法测高分子化合物的平均摩尔质量

一、实验目的

(1) 掌握黏度法测定高聚物平均摩尔质量的原理和方法。

(2) 掌握正确使用三管黏度计测定相对黏度的方法。

(3) 测定聚乙二醇的黏均摩尔质量。

二、实验原理

在高分子化合物(也称大分子化合物或高聚物)中，由于聚合度并不都相同，各个分子的摩尔质量大多是不均一的，所以高聚物的摩尔质量是指统计的平均摩尔质量。无论合成和生产高聚物，还是研究高聚物的结构与性能的关系时，都需要了解它的平均摩尔质量及其分布情况。由于测试和计算高分子化合物平均摩尔质量的方法不同，对同一高聚物得到的平均摩尔质量的数据也不同。常用的平均摩尔质量有以下几种。

1. 数均摩尔质量 M_n

$$M_n=\frac{\sum_B N_B M_B}{\sum_B N_B}=\sum_B x_B M_B$$

式中，N_B 为 B 组分的分子数；M_B 为 B 组分的摩尔质量；x_B 为 B 组分的物质的量分数。用稀溶液的依数性质(沸点升高、凝固点降低、渗透压)和端基分析法等测得的平均摩尔质量为数均摩尔质量。

2. 质均摩尔质量 M_m

$$M_m=\frac{\sum_B m_B M_B}{\sum_B m_B}=\frac{\sum_B N_B M_B^2}{\sum_B N_B M_B}=\sum_B w_B M_B$$

式中，m_B 为 B 组分的质量；w_B 为 B 组分的质量分数。用光散射法测得的平均摩尔质量为质均摩尔质量。

3. z 均摩尔质量 M_z

$$M_z = \frac{\sum_B m_B M_B^2}{\sum_B m_B M_B} = \frac{\sum_B z_B M_B}{\sum_B z_B}$$

式中，$z_B = m_B M_B$。用超离心沉降法测得的平均摩尔质量为 z 均摩尔质量。

4. 黏均摩尔质量 M_η

$$M_\eta = \left[\frac{\sum_B N_B M_B^{(\alpha+1)}}{\sum_B N_B M_B}\right]^{\frac{1}{\alpha}} = \left[\frac{\sum_B m_B M_B^{\alpha}}{\sum_B m_B}\right]^{\frac{1}{\alpha}}$$

式中，α 是与高分子化合物、溶剂及温度有关的经验常数，一般为 0.5～1。用黏度法测得的平均摩尔质量为黏均摩尔质量。

一般来说，对同一样品的测定，$M_z > M_m > M_\eta > M_n$，这是多分散性系统的特点，只有分子大小是均匀的单分散系统，各种平均摩尔质量才相等。分子越不均匀，差值越大，表明多分散性越显著。因此，用不同方法测定的平均摩尔质量既可表征高分子化合物的聚合度(平均摩尔质量的大小)，也可表征不同聚合度的分布(平均摩尔质量的差别)。

测定高分子化合物平均摩尔质量的各种方法具有一定的适用范围，通常只在其适用范围内测定的数据才比较可靠，详见表 5-1。

表 5-1　高分子化合物平均摩尔质量的测定方法及适用范围

测定方法	平均摩尔质量种类及适用范围
端基分析	$M_n < 2\times10^4$
沸点升高、凝固点降低	$M_n < 3\times10^4$
渗透压	$1\times10^4 < M_n < 1.5\times10^6$
光散射	$1\times10^4 < M_m < 1\times10^7$
超离心沉降及扩散	$1\times10^4 < M_z < 1\times10^7$
黏度法	M_η 通用

在上述几种测定方法中，一般需要比较复杂的仪器设备和操作技术。而黏度法相对设备比较简单，测定技术容易掌握，实验结果也有相当高的精确度。因此，

用溶液黏度法测高聚物的平均摩尔质量，是目前应用最广泛的方法之一。但黏度法由于不是测定平均摩尔质量的绝对方法，因此此法中所用的特性黏度与经验方程要用其他方法来确定，高聚物不同，溶剂不同，平均摩尔质量范围不同，就要选用不同的经验方程来处理。

测定黏度的方法主要有毛细管法、转筒法和落球法等，在测定高分子溶液的黏度时，以毛细管法最方便。它是通过记录一定体积的液体流过一定长度的垂直毛细管所需的时间来获得相对黏度的。

当液体在细长的毛细管中因重力作用而流出达到稳定时，促使其流动的力(重力)与阻止其流动的力(内摩擦力)相等，由此可得出如下泊肃叶(Poiseuille)定律

$$\eta = \frac{\pi r^4 p}{8lV} t = \frac{\pi h \rho g r^4}{8lV} t \tag{5-17}$$

式中，η 为黏滞系数，简称黏度，单位为 Pa · s；p 为当液体流动时在毛细管两端间的压力差，此处即是液体的密度 ρ、重力加速度 g 和流经毛细管液体的平均液柱高度 h 这三者的乘积；r 为毛细管的半径；V 是流经毛细管的液体体积；t 是体积为 V 的液体流出的时间；l 为毛细管的长度。

用同一黏度计在相同的条件下测定两种液体的黏度时，显然它们的黏度之比等于密度与流出时间的乘积之比

$$\frac{\eta_1}{\eta_2} = \frac{p_1 t_1}{p_2 t_2} = \frac{\rho_1 t_1}{\rho_2 t_2} \tag{5-18}$$

如果用已知黏度 η_1 的液体作为参考液体，则待测液体的黏度 η_2 可通过上式求出。高聚物稀溶液的黏度是液体流动时内摩擦力大小的反映，纯溶剂的黏度反映了溶剂分子间的内摩擦力，高聚物溶液的黏度则是高聚物分子间的内摩擦力、高聚物分子与溶剂分子间的内摩擦力以及溶剂分子间的内摩擦力之和。纯溶剂的黏度为 η_0，高聚物溶液的黏度为 η，一般 η 比 η_0 大得多，二者的比值称为相对黏度，用 η_r 表示，于是

$$\eta_r = \frac{\eta}{\eta_0} = \frac{\rho t}{\rho_0 t_0} \tag{5-19}$$

在测定溶剂和溶液的相对黏度时，如果溶液的质量浓度不大($c < 1.0$g/ 100mL)，溶液的密度与溶剂的密度可近似地看作相同，故

$$\eta_r = \frac{\eta}{\eta_0} = \frac{t}{t_0} \tag{5-20}$$

所以，通过测定在毛细管中溶剂和溶液的流出时间，就可求得 η_r。高聚物溶液的黏度 η 比纯溶剂的黏度 η_0 增加的分数定义为增比黏度，用 η_{sp} 表示，即

$$\eta_{sp}=\frac{\eta-\eta_0}{\eta_0}=\eta_r-1 \tag{5-21}$$

增比黏度随溶液中高聚物浓度的增大而增大，常采用单位浓度时溶液的增比黏度作为高聚物平均摩尔质量的量度，称为比浓黏度或折合黏度，其值为 $\frac{\eta_{sp}}{c}$。

比浓黏度随着溶液的质量浓度 c 而改变，当 c 趋近零时，比浓黏度趋近一个固定的极限值[η]，[η]称为特性黏度，即

$$[\eta]=\lim_{c\to 0}\frac{\eta_{sp}}{c} \tag{5-22}$$

[η]值可利用 $\frac{\eta_{sp}}{c}$-c 图由外推法求得。根据实验，$\frac{\eta_{sp}}{c}$ 和[η]的关系可用经验公式表示为

$$\frac{\eta_{sp}}{c}=[\eta]+k_1[\eta]^2c \tag{5-23}$$

式中，k_1 为经验常数。因此作 $\frac{\eta_{sp}}{c}$-c 图，在 $\frac{\eta_{sp}}{c}$ 轴上的截距，即为[η]。

由式(5-21)移项、取对数，并将对数式展开得

$$\ln\eta_r=\ln(\eta_{sp}+1)=\eta_{sp}-\frac{1}{2}\eta_{sp}^2+\frac{1}{3}\eta_{sp}^3\cdots$$

忽略展开式的高次项，等式两边同除以 c，并将式(5-23)代入得

$$\frac{\ln\eta_r}{c}=\frac{\eta_{sp}}{c}-\frac{1}{2}\frac{\eta_{sp}^2}{c}=[\eta]+\left(k_1-\frac{1}{2}\right)[\eta]^2c-k_1[\eta]^3c^2-\frac{1}{2}[\eta]^4c^3\approx[\eta]+\left(k_1-\frac{1}{2}\right)[\eta]^2c$$

即

$$\frac{\ln\eta_r}{c}=[\eta]+k_2[\eta]^2c \tag{5-24}$$

式中，$k_2=k_1-\frac{1}{2}$，也为一经验常数。

因此，当 c 趋近于零时，$\frac{\ln\eta_r}{c}$ 的极限值也是[η]，即

$$\lim_{c\to 0}\frac{\ln\eta_r}{c}=\lim_{c\to 0}\frac{\eta_{sp}}{c}=[\eta] \tag{5-25}$$

因此，以 $\frac{\eta_{sp}}{c}$ 及 $\frac{\ln\eta_r}{c}$ 对 c 作图(图 5-9)可得到两条直线，这两条直线

在纵坐标轴上相交于同一点，即[η]值。[η]的单位是浓度的倒数，随溶液浓度的表示法不同而不同，常用每 100mL 溶液内所含高聚物的质量(g)数作为浓度的单位，即 g/100mL。

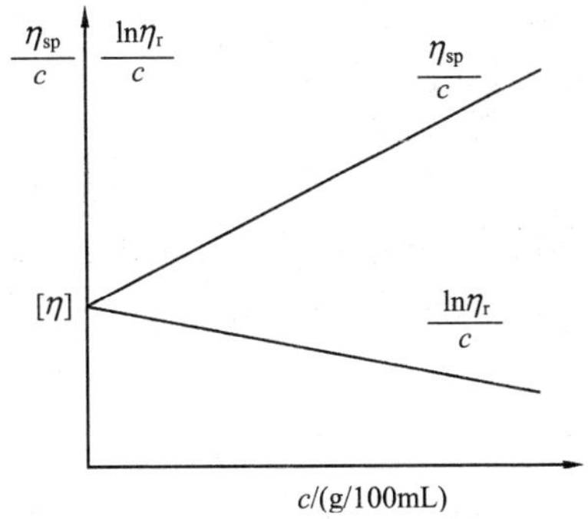

图 5-9　黏度和浓度的关系

高聚物的特性黏度[η]和高聚物的黏均摩尔质量 M_η 的关系可用下面的经验方程表示

$$[\eta]=KM_\eta^\alpha \tag{5-26}$$

式中，K 和 α 是经验公式中的两个参数，与溶剂、高聚物种类及温度有关，要由其他实验方法(如渗透压法、光散射法等)确定。常用的 K 和 α 参考数值列于表 5-2 中。

表 5-2　公式 $[\eta]=KM_\eta^\alpha$ 的参数表

高聚物	溶剂	温度/℃	$K/(m^3\cdot kg^{-1})$	α
聚苯乙烯	苯	20	1.23×10^{-4}	0.72
	苯	30	1.06×10^{-4}	0.74
	甲苯	25	3.70×10^{-4}	0.62
聚乙烯醇	水	25	2.0×10^{-4}	0.76
聚乙二醇	水	25	1.56×10^{-4}	0.50
	水	30	1.25×10^{-4}	0.78

由于在良溶剂中温度对[η]的影响极微，因此若测定时温度比表 5-2 中指定的温度稍有变动，K 和 α 值也可应用。

三、仪器与药品

玻璃恒温水浴、三管黏度计、秒表、电子天平、100mL 容量瓶、10mL 移液管、5mL 移液管、100mL 烧杯、洗耳球、乳胶管、弹簧夹、电吹风。

聚乙二醇(A.R.)。

四、实验步骤

1. 调节温度

将恒温水浴调节水温至 25℃。

2. 溶液的配制

用电子天平准确称量 4g 左右聚乙二醇，放入 100mL 烧杯中，注入约 50mL 蒸馏水，稍稍加热使之溶解。冷却至室温后移入 100mL 容量瓶中，并稀释至刻度。此溶液的质量浓度标记为 c_1。

3. 洗涤黏度计

黏度计先用洗液或洗洁精浸泡，再用自来水、蒸馏水分别冲洗(特别是毛细管内要清洗干净)，然后吹干黏度计。

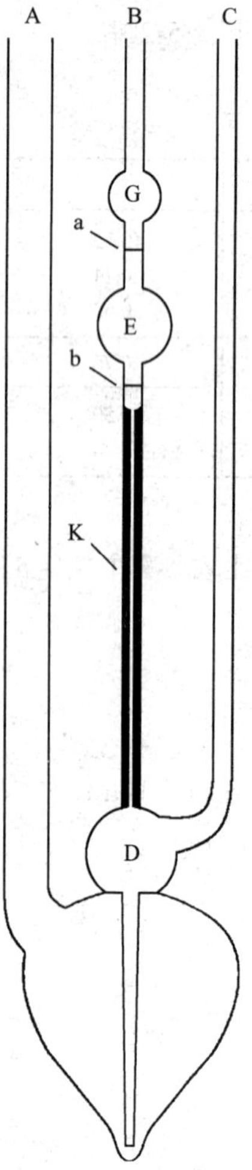

图 5-10　三管黏度计

4. 测定溶剂的流经时间 t_0

将三管黏度计(图 5-10)垂直放入恒温水浴中，将 20mL 蒸馏水自 A 管注入黏度计内恒温数分钟。夹紧 C 管上连接的乳胶管，同时在连接 B 管的乳胶管上接洗耳球，慢慢抽气。待液体升高到超过 G 球的一半时，打开 C 管及 B 管，使空气进入 D 球，G 球内液面逐渐下降。当液面通过刻度 a 时，按下秒表，开始计时，至液面刚通过 b 时，按停秒表。由 a 至 b 所需时间即为溶剂的流经时间 t_0。重复三次，每次相差不超过 0.3s，如果时间相差过大，则应检查毛细管有无堵塞现象，查看恒温水浴温度是否稳定良好。

5. 测定溶液的流经时间 t

测完纯溶剂的 t_0 后，倒出溶剂，吹干黏度计，再用移液管注入质量浓度为 c_1 的溶液 20mL，用上述方法测定流过的时间三次，每次相差不超过 0.4s。求出其平均值 t_1。然后加入 5mL 蒸馏水，质量浓度变为 c_2，用洗耳球将溶液反复抽吸至 G 球内几次，使混合均匀，再测定流经时间 t_2。同样依次加入 5mL、5mL、5mL 蒸馏水，使溶液浓度变为 c_3、c_4、c_5，测定流过的时间 t_3、t_4、t_5。最后一次如果溶液太多，可在均匀混合后倒出一部分。由于浓度的计算由稀释得来，故所加蒸馏水的体积必须准确，混合必须均匀。

6. 实验完毕

黏度计应洗净，用洁净的蒸馏水浸泡，待用。

五、实验记录

溶液浓度 c/(g/100mL)	0					
流经时间 1/s						
流经时间 2/s						
流经时间 3/s						
平均流经时间 t/s						
相对黏度 η_r						
增比黏度 η_{sp}						
η_{sp}/c						
$\ln\eta_r/c$						

六、数据处理

(1) 将每次的溶液浓度 c［以 100mL 溶液中所含高聚物的质量(g)数表示］、流过黏度计的时间 t 以及不同浓度的 η_r、η_{sp}、$\dfrac{\eta_{sp}}{c}$、$\dfrac{\ln\eta_r}{c}$ 等数值列表。

(2) 作 $\dfrac{\eta_{sp}}{c}$-c 图和 $\dfrac{\ln\eta_r}{c}$-c 图，并外推至 $c=0$，求出$[\eta]$值。

(3) 由 $[\eta]=KM_\eta^\alpha$ 式及在所用溶剂和温度条件下的 K 和 α 值，求出聚乙二醇的黏均摩尔质量 M_η。

七、思考题

(1) 三管黏度计有何优点？本实验能否采用双管黏度计(去掉 C 管)？

(2) 黏度计毛细管的粗细对实验有何影响？

(3) 试列举说明影响黏度准确测定的因素。

(4) 为什么 $\lim\limits_{c\to0}\dfrac{\ln\eta_r}{c}=\lim\limits_{c\to0}\dfrac{\eta_{sp}}{c}$？

附　录

附录一　几种有机物质的蒸气压

物质的蒸气压 p(Pa) 按下式计算：

$$\lg p = A - \frac{B}{C+T} + D$$

式中，A、B、C 为常数，T 为温度(℃)，D 为压力单位的换算因子，其值为 2.1249。

名称	化学式	适用温度范围/℃	A	B	C
四氯化碳	CCl_4		6.87926	1212.021	226.41
氯仿	$CHCl_3$	–30～150	6.90328	1163.03	227.4
甲醇	CH_4O	–14～65	7.89750	1474.08	229.13
1,2-二氯乙烷	$C_2H_4Cl_2$	–31～99	7.0253	1271.3	222.9
乙酸	$C_2H_4O_2$	0～36	7.80307	1651.2	225
		36～170	7.18807	1410.7	211
乙醇	C_2H_6O	–2～100	8.32109	1718.10	237.52
丙酮	C_3H_6O	–30～150	7.02447	1161.0	224
异丙醇	C_3H_8O	0～101	8.11778	1580.92	219.61
乙酸乙酯	$C_4H_8O_2$	–20～150	7.09808	1238.71	217.0
正丁醇	$C_4H_{10}O$	15～131	7.47680	1362.39	178.77
苯	C_6H_6	–20～150	6.90561	1211.033	220.790
环己烷	C_6H_{12}	20～81	6.84130	1201.53	222.65
甲苯	C_7H_8	–20～150	6.95464	1344.80	219.482
乙苯	C_8H_{10}	–20～150	6.95719	1424.251	213.206

附录二　几种有机化合物的密度

下列几种有机化合物的密度可用下式计算：

$$\rho_t = \rho_0 + 10^{-3}\alpha(T - T_0) + 10^{-6}\beta(T - T_0)^2 + 10^{-9}\gamma(T - T_0)^3$$

式中，ρ_0 为 $T_0 = 0$℃时该有机物的密度，密度的单位为 $g \cdot cm^{-3}$；温度 T 的单位是℃。

化合物	ρ_0	α	β	γ	温度范围/℃
四氯化碳	1.63255	−1.9110	−0.690		0～40
氯仿	1.52643	−1.8563	−0.5309	−8.81	−53～55
乙醚	0.73629	−1.1138	−1.237		0～70
乙醇	0.78506（25℃）	−0.8591	−0.56	−5	20～70
正丁醇	0.80964	0.06033	−7.4	56.67	0～100
乙酸	1.0724	−1.1229	0.0058	−2.0	9～100
丙酮	0.81248	−1.100	−0.858		0～50
乙酸乙酯	0.92454	−1.168	−1.95	20	0～40
环己烷	0.79707	−0.8879	−0.972	1.55	0～60

附录三　水的蒸气压、密度、黏度、折射率、介电常数和表面张力

T/℃	蒸气压 p /kPa	密度 ρ /（$kg \cdot m^{-3}$）	黏度 η /（$10^{-3}kg \cdot m^{-1} \cdot s^{-1}$）	折射率 n_D	介电常数 ε	表面张力 σ /（$10^{-3}N \cdot m^{-1}$）
0	0.61129	999.8426	1.787	1.33395	87.74	75.64
5	0.87260	999.9668	1.519	1.33388	85.76	74.92
10	1.2281	999.7021	1.307	1.33369	83.83	74.23
11	1.3129	999.6074	1.271			74.07
12	1.4027	999.4996	1.235			73.93
13	1.4979	999.3792	1.202			73.78
14	1.5988	999.2464	1.169			73.64
15	1.7056	999.1016	1.139	1.33339	81.95	73.49
16	1.8185	998.9450	1.109			73.34

续表

T/℃	蒸气压 p /kPa	密度 ρ /(kg·m^{-3})	黏度 η /(10^{-3}kg·m^{-1}·s^{-1})	折射率 n_D	介电常数 ε	表面张力 σ /(10^{-3}N·m^{-1})
17	1.9380	998.7769	1.081			73.19
18	2.0644	998.5976	1.053			73.05
19	2.1978	998.4073	1.027	1.33300	81.00	72.90
20	2.3388	998.2063	1.005	1.33290	79.73	72.75
21	2.4877	997.9948	0.9779	1.33280	79.38	72.59
22	2.6447	997.7730	0.9543	1.33271	79.02	72.44
23	2.8104	997.5412	0.9325	1.33261	78.65	72.28
24	2.9850	997.2994	0.9111	1.33250	78.30	72.13
25	3.1690	997.0480	0.8940	1.33240	77.94	71.97
26	3.3629	996.7870	0.8705	1.33229	77.60	71.82
27	3.5670	996.5166	0.8513	1.33217	77.24	71.66
28	3.7818	996.2371	0.8327	1.33206	76.90	71.50
29	4.0087	995.9486	0.8143	1.33194	76.55	71.35
30	4.2455	995.6511	0.7975			71.20
31	4.4953	995.3450	0.7808			
32	4.7578	995.0302	0.7674			
33	5.0335	994.7071	0.7491			
34	5.3229	994.3756	0.7340	1.33131	74.83	
35	5.6267	994.0359	0.7194			70.38
36	5.9453	993.6883	0.7052			
37	6.2795	993.3328	0.6915			
38	6.6298	992.9695	0.6783			
39	6.9969	992.5987	0.6654	1.33061	73.15	
40	7.3814	992.2204	0.6529	1.32985	71.51	69.60
45	9.5898		0.5960	1.32904	69.91	68.74
50	12.344	993.0393	0.5468	1.32725	66.82	67.94
60	19.932		0.4665		63.86	66.24
70	31.176		0.4042		61.03	64.47
80	47.373		0.3547		58.32	62.67
90	70.117	965.3230	0.3147		57.01	60.82
95	84.529		0.2975		55.72	
100	101.32		0.2818			58.91

附录四　几种液体的折射率(25℃)

(钠光 λ= 589.3nm)

名称	n_D^{25}	名称	n_D^{25}
甲醇	1.326	氯仿	1.444
水	1.33252	四氯化碳	1.459
乙醚	1.352	乙苯	1.493
丙酮	1.357	甲苯	1.494
乙醇	1.359	苯	1.498
乙酸	1.370	苯乙烯	1.545
乙酸乙酯	1.370	溴苯	1.557
正己烷	1.372	苯胺	1.583
1-丁醇	1.397	溴仿	1.587

附录五　凝固点降低常数

溶剂	T_f	K_f	溶剂	T_f	K_f
苯胺	−6	5.87	吡啶	−42	4.97
苯	5.5	5.1	硫酸	10.5	6.17
水	0	1.85	对甲苯胺	43	5.2
1,4-二氧六环	1.2	4.7	乙酸	16.65	9.3
樟脑	178.4	39.7	苯酚	41	7.3
对二甲苯	13.2	4.3	环己烷	6.5	20.2
甲酸	8.4	2.77	四氯化碳	−23	29.8
萘	80.1	6.9	溴化乙烯(干)	9.98	12.5
硝基苯	5.7	6.9	溴化乙烯(湿)	8	11.8

注：K_f是凝固点降低(溶液的摩尔凝固点降低)常数；T_f是纯溶剂的凝固点(℃)。

附录六 沸点升高常数

溶剂	T_b	K_b	溶剂	T_b	K_b
苯胺	181.4	3.69	二氧化硫	–10	1.45
丙酮	56	1.5	乙酸	118.4	3.1
苯	80.2	2.57	苯酚	181.2	3.60
水	100	0.516	氯仿	61.2	3.38
乙酸甲酯	57.0	2.06	四氯化碳	76.7	5.3
甲醇	64.7	0.84	乙酸乙酯	77.2	2.79
硝基苯	210.9	5.27	溴化乙烯	131.5	6.43
吡啶	115.4	2.69	乙醇	78.3	约 1.0
二硫化碳	46.3	2.29	乙醚	34.5	约 2.0

注：K_b是沸点升高(溶液的摩尔沸点升高)常数；T_b是纯溶剂的沸点(℃)。

附录七 阿贝折光仪色散表

n_D	A	B	Z	δ	Z
1.300	0.02494	0.03340	0	1	60
1.310	0.02488	0.03327	1	4	59
1.320	0.02483	0.03311	2	7	58
1.330	0.02478	0.03295	3	10	57
1.340	0.02473	0.03276	4	12	56
1.350	0.02469	0.03256	5	15	55
1.360	0.02464	0.03235	6	17	54
1.370	0.02460	0.03212	7	20	53
1.380	0.02456	0.03187	8	23	52
1.390	0.02452	0.03161	9	25	51
1.400	0.02448	0.03133	10	27	50
1.410	0.02445	0.03104	11	30	49
1.420	0.02441	0.03073	12	32	48
1.430	0.02438	0.03040	13	34	47

续表

n_D	A	B	Z	δ	Z
1.440	0.02435	0.03006	14	36	46
1.450	0.02432	0.02970	15	38	45
1.460	0.02429	0.02932	16	40	44
1.470	0.02427	0.02892	17	41	43
1.480	0.02425	0.02851	18	43	42
1.490	0.02423	0.02808	19	45	41
1.500	0.02421	0.02762	20	46	40
1.510	0.02420	0.02715	21	47	39
1.520	0.02419	0.02665	22	49	38
1.530	0.02418	0.02614	23	49	37
1.540	0.02418	0.02560	24	50	36
1.550	0.02418	0.02504	25	51	35
1.560	0.02418	0.02445	26	52	34
1.570	0.02418	0.02384	27	52	33
1.580	0.02419	0.02320	28	52	32
1.590	0.02421	0.02253	29	52	31
1.600	0.02423	0.02183	30	52	30
1.610	0.02425	0.02110			
1.620	0.02428	0.02033			
1.630	0.02432	0.01953			
1.640	0.02437	0.01868			
1.650	0.02442	0.01779			
4.660	0.02448	0.01684			
1.670	0.02456	0.01584			
1.680	0.02465	0.01477			
1.690	0.02475	0.01363			
1.700	0.02488	0.01239			

附录八　国际标准相对原子质量表(附熔点)

元素		元素符号	原子序数	相对原子质量	熔点/℃
英文名称	中文名称				
hydrogen	氢	H	1	1.00794(7)	–259.34(H_2)
helium	氦	He	2	4.002602(2)	
lithium	锂	Li	3	6.941(2)	180.6
beryllium	铍	Be	4	9.012182(3)	1289
boron	硼	B	5	10.811(3)	2092
carbon	碳	C	6	12.011(5)	
nitrogen	氮	N	7	14.00674(1)	–210.0(N_2)
oxygen	氧	O	8	15.9994(7)	–218.79(O_2)
fluorine	氟	F	9	18.9984032(3)	–219.62(F_2)
neon	氖	Ne	10	20.1797(9)	–248.59
sodium	钠	Na	11	22.989768(6)	97.8
magnesium	镁	Mg	12	24.3050(6)	650
aluminum	铝	Al	13	26.981539(5)	660.45
silicon	硅	Si	14	28.0855(3)	1414
phosphorous	磷	P	15	30.973762(4)	44.14
sulfur	硫	S	16	32.066(6)	115.22
chlorine	氯	Cl	17	35.4527(9)	–101.03(Cl_2)
argon	氩	Ar	18	39.948(1)	–189.35
potassium	钾	K	19	39.0983(1)	63.71
calcium	钙	Ca	20	40.078(4)	842
scandium	钪	Sc	21	44.955910(9)	1541
titanium	钛	Ti	22	47.867(1)	1670
vanadium	钒	V	23	50.9415(1)	1910
chromium	铬	Cr	24	51.9961(6)	1863
manganese	锰	Mn	25	54.93805(1)	1246
iron	铁	Fe	26	55.845(2)	1538

续表

元素		元素符号	原子序数	相对原子质量	熔点/℃
英文名称	中文名称				
cobalt	钴	Co	27	58.93320(1)	1495
nickel	镍	Ni	28	58.6934(2)	1455
copper	铜	Cu	29	63.546(3)	1084.87
zinc	锌	Zn	30	65.39(2)	419.58
gallium	镓	Ga	31	69.723(1)	29.77
germanium	锗	Ge	32	72.61(2)	938.55
arsenic	砷	As	33	74.92159(2)	
selenium	硒	Se	34	78.96(3)	221
bromine	溴	Br	35	79.904(1)	–7.2(Br_2)
krypton	氪	Kr	36	83.80(1)	–157.37
rubidium	铷	Rb	37	85.4678(3)	39.48
strontium	锶	Sr	38	87.62(1)	769
yttrium	钇	Y	39	88.90585(2)	1522
zirconium	锆	Zr	40	91.224(2)	1855
niobium	铌	Nb	41	92.90638(2)	2469
molybdenum	钼	Mo	42	95.94(1)	2623
technetium	锝	Tc	43	[98]	2204
ruthenium	钌	Ru	44	101.07(2)	2334
rhodium	铑	Rh	45	102.90550(3)	1963
palladium	钯	Pd	46	106.42(1)	1555
silver	银	Ag	47	107.8682(2)	961.93
cadmium	镉	Cd	48	112.411(8)	321.11
indium	铟	In	49	114.818(3)	156.63
tin/stannum	锡	Sn	50	118.710(3)	231.97
antimony/stibium	锑	Sb	51	121.757(3)	630.76
tellurium	碲	Te	52	127.60(3)	449.57
iodine	碘	I	53	126.90447(3)	113.5(I_2)
xenon	氙	Xe	54	131.29(2)	–111.76

续表

元素		元素符号	原子序数	相对原子质量	熔点/℃
英文名称	中文名称				
cesium	铯	Cs	55	132.90543(5)	28.39
barium	钡	Ba	56	137.732(7)	729
lanthanum	镧	La	57	138.9055(2)	918
cerium	铈	Ce	58	140.115(4)	798
praseodymium	镨	Pr	59	140.90765(3)	931
neodymium	钕	Nd	60	144.23(4)	1021
promethium	钷	Pm	61	[147]	1042
samarium	钐	Sm	62	150.36(3)	1074
europium	铕	Eu	63	151.965(9)	822
gadolinium	钆	Gd	64	157.25(3)	1313
terbium	铽	Tb	65	158.92534(3)	1356
dysprosium	镝	Dy	66	162.50(3)	1412
holmium	钬	Ho	67	164.93032(3)	1474
erbium	铒	Er	68	167.26(3)	1529
thulium	铥	Tm	69	168.93421(3)	1545
ytterbium	镱	Yb	70	173.04(3)	819
lutetium	镥	Lu	71	174.967(3)	1663
hafnium	铪	Hf	72	178.49(1)	2231
tantalum	钽	Ta	73	180.9479(2)	3020
tungsten/wolfram	钨	W	74	183.84(1)	3422
rhenium	铼	Re	75	186.207(1)	3186
osmium	锇	Os	76	190.23(3)	3033
iridium	铱	Ir	77	192.217(3)	2447
platinum	铂	Pt	78	195.08(3)	1769.0
gold/aurum	金	Au	79	196.96654(3)	1064.43
mercury/hydrargyrum	汞	Hg	80	200.59(2)	−38.81
thallium	铊	Tl	81	204.3833(2)	304
lead/plumbum	铅	Pb	82	207.2(1)	327.50

续表

元素		元素符号	原子序数	相对原子质量	熔点/℃
英文名称	中文名称				
bismuth	铋	Bi	83	208.98037(3)	271.44
polonium	钋	Po	84	[209]	254
astatine	砹	At	85	[210]	302
radon	氡	Rn	86	[222]	−71
francium	钫	Fr	87	[223]	27
radium	镭	Ra	88	[226]	700
actinium	锕	Ac	89	[227]	1051
thorium	钍	Th	90	232.0381(1)	1755
protactinium	镤	Pa	91	231.03588(2)	1572
uranium	铀	U	92	238.0289(1)	1135
neptunium	镎	Np	93	[237]	639
plutonium	钚	Pu	94	[244]	640
americium	镅	Am	95	[243]	1176
curium	锔	Cm	96	[247]	1345
berkelium	锫	Bk	97	[247]	1050
californium	锎	Cf	98	[251]	900
einsteinium	锿	Es	99	[252]	860
fermium	镄	Fm	100	[257]	1527
mendelevium	钔	Md	101	[258]	827
nobelium	锘	No	102	[259]	827
lawrencium	铹	Lr	103	[262]	1627
rutherfordium	𬬻	Rf	104	[267]	
dubnium	𬭊	Db	105	[268]	
seaborgium	𬭳	Sg	106	[271]	
bohrium	𬭛	Bh	107	[272]	
hassium	𬭶	Hs	108	[270]	
meitnerium	鿏	Mt	109	[276]	